Motor Fan
illustrated

KB146652

하이테크 엔진 기본 골격

Hightech engine basic structure

엔진 메인 파트의 신기술 해부

● 실린더헤드 기술의 흐름　● 실린더 블록·알루미늄 실린더 블록의 제조 방법
● 크랭크샤프트　● 피스톤 & 커넥팅 로드　● 실린더 라이너·플라즈마 용사방식의 실린더 내벽처리
● 실린더헤드 개스킷　● 밸런스샤프트

GoldenBell
www.gbbook.co.kr

004 도해특집 실린더 헤드

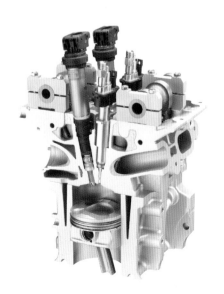

Motor Fan
illustrated
Special Edition

CONTENTS

068 도해특집 엔진

실린더

Illustration Feature :

CYLINDER HEAD
TECHNICAL DETAILS

헤드!

연료를 공기와 혼합하여 어떻게 연소시킬 것인가가
고효율운전으로 가는 지름길이다.
공기의 잘 흡입하는 방법, 연료의 분사방법,
혼합기의 연소방법, 연소 후 가스의 배출 같은 가스유동,
연소실 형상과 밸브기구 배치,
이런 것들을 움직이게 하는 캠 트레인의 배치 등을 포함한
기계배치, 냉각수 통로의 효율적인 배치에 의한
열 관리나 기계손실의 저감, 경량화, 고강도화 등등.
움직이는 것과 움직임을 당하는 것이
다른 부위에 비해 아주 많고 복잡하게 얽혀 있는 만큼
실린더 헤드는 어렵기도 하고, 또한 최신기술이 많이 적용되는
화려한 세계이기도 하다.
지금 이런 여러 요소들의 설계는 어떤 상태일까.
최근 경향은 어떤 것일까.
새로운 사례를 살펴가면서 실린더 헤드를 생각해 보겠다.

YGK YR20의
실린더 헤드를 해부하다.

실린더 헤드 특집 첫 머리의 장식을 일본 최초의 미공개 협각 V4 엔진인 YR20의 분해사진으로 골랐다.
일반적인 4행정 엔진의 실린더 헤드와는 구조가 다르다.
설계자인 하야시 요시마사씨의 50여 년에 걸친 엔진설계 노하우를 곳곳에 적용하고 있다.
기묘한 형태의 엔진이지만 기술적으로는 치밀한 협각엔진에 대해 살펴보겠다.
본문 : 미우라 쇼지(MFi) 사진 : 사토 야스히코 촬영협력 : WGK

이 엔진은 범용 가스엔지니어링 기업인 YGK의 야마사키씨가 YGK의 기술고문이기도한 전 닛산자동차 도카이대학 교수인 하야시 요시모토씨에게 설계를 의뢰해 제작된 것이다. 야마사키씨는 아주 작은, 예를 들면 란치아의 협각V4 같은 엔진을 만들 수 없을까하는 기술 콘셉트를 하야시씨에게 전달했고, 그것을 듣고 하야시씨는 8°라고 하는 매우 좁은 뱅크 각을 구상하게 된다. 발상의 토대가 된 란치아 V4는 최소가 10℃이고, 그 기술계보를 이어받은 VW VR시리즈는 15°(3.2ℓ V6와 W12), 10.6°(3.6ℓ V6)의 뱅크 각으로, 이 보다 각도를 더 좁히려 한 것이다. 그 결과 투영면적은 B4용지(256mm×364mm=931.84cm²)만하게 작아졌다.

실린더 헤드 주변에서 가장 큰 특징은 3개의 캠축이다. 란치아와 VW의 V형 엔진은 2개의 캠축이 각각 양쪽 뱅크의 흡기용, 배기용으로 역할을 분담하지만, YR20에서는 중앙의 캠축이 양쪽 뱅크의 흡기와 배기를 제어하고 양 사이드의 캠축은 한 쪽 뱅크의 흡기만, 또 다른 한 쪽은 다른 뱅크의 배기만 담당한다. 이렇게 하면 양 사이드의 캠축은 2기통 분의 흡기밸브 또는 배기밸브만 제어하면 되기 때문에 전체적으로 보면 마찰손실이 줄어든다. 또한 센터의 캠 축은 구조 상 로커 암을 매개로 밸브를 구동하게 되지만 밸브배치에 대한 여유가 2캠 방식보다 많기 때문에, 레버비가 전혀 개입되지 않는 직동방식에 가까운 면 부근에서 리프터를 작동할 수 있어서 에너지 손실이 줄어든다.

매우 좁은 뱅크 각을 채택함으로서 커넥팅 로드 비를 충분히 가져가면(YR20은 3.64) 크랭크 핀까지의 거리가 길어져 엔진 투영면적에 비해 높이가 높아지게 된다. VW의 VR6는 실린더 옵셋으로 이런 문제를 해결하지만, YR20에서는 크랭크 센터와 함께 피스톤 핀의 위치를 옵셋시키는 방식으로 대처한다. 피스톤의 좌우 불균형적인 움직임은 피스톤 형상을 특수하게 만들어 균형을 맞추고 있다(상세한 것은 특허사항이라 비공개).

YR20엔진의 주요제원

항목	제원
기통수·배열	8° V형 4기통
캠축 수·밸브 수	3캠·4밸브
총배기량	1998cc
내경×행정	85mm×88mm
압축비	10.0
최고출력	10kW/6200rpm
최대토크	188Nm/4000rpm
점화순서	1-3-4-2
실린더 블록	알루미늄합금 주물+주철라이너 일체형 주입(鑄入)
실린더 피치	130mm
실린더 옵셋	238mm
피스톤 압축높이	26mm
링 수	3
피스톤 재질	알루미늄합금 단조
커넥팅 로드 축간거리	160.07mm
커넥팅 로드 재질	S45C 탄소강 절삭
크랭크축 지름	저널60·핀48·5베어링
크랭크축 재질	S45C 탄소강 절삭
실린더 헤드 높이	126.5mm
캠축간 거리	99mm·99mm
밸브간 거리	In36.9mm·Ex33.6mm
밸브협각	In8.5°·Ex6.5°
밸브시트 지름	In33·Ex30
밸브구동방식	피벗방식 로커암
캠축 구동방식	롤러체인
보조장치 구동방식	폴리벨트6산(山)·서펀타인·오토 텐셔너
촉매	직하/세라믹모노리스·바닥 밑2ℓ
가변흡기장치	로터리 밸브 교체
가변밸브 타이밍	피동 풀리에 의한 흡배기 동시위상
진동대책	싱글 매스댐퍼 크랭크 풀리·2차 밸런서
연료공급	포트분사
제어방식	모텍
사용연료	무연 일반 가솔린

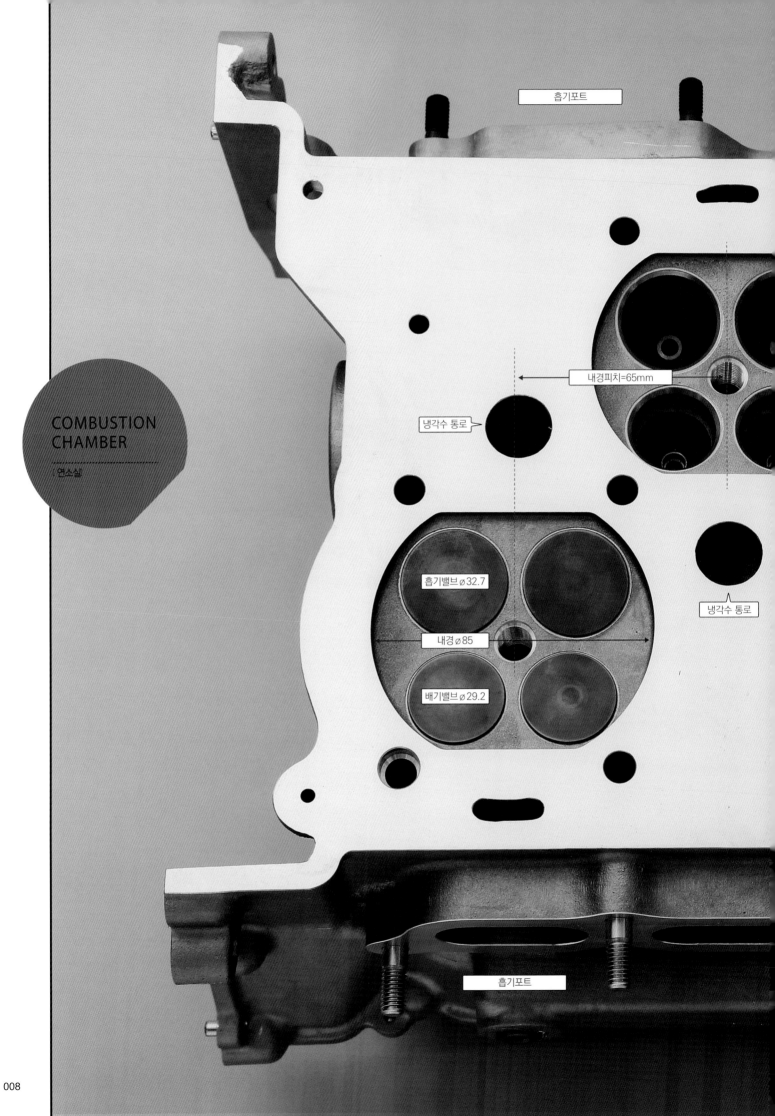

COMBUSTION CHAMBER

| 연소실

흡기포트

내경피치=65mm

냉각수 통로

흡기밸브 ø 32.7

냉각수 통로

내경 ø 85

배기밸브 ø 29.2

흡기포트

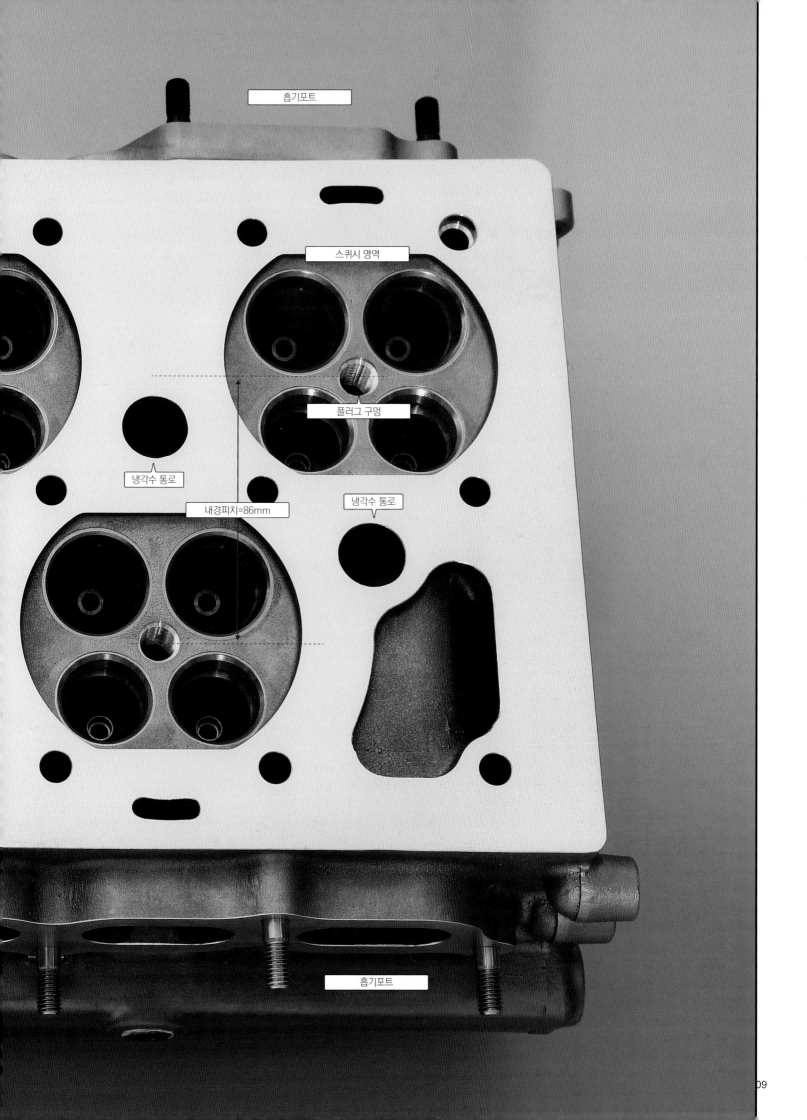

흡기포트

스퀴시 영역

플러그 구멍

냉각수 통로

냉각수 통로

내경피치=86mm

흡기포트

☑ 실린더 헤드 하면(下面) 설계도

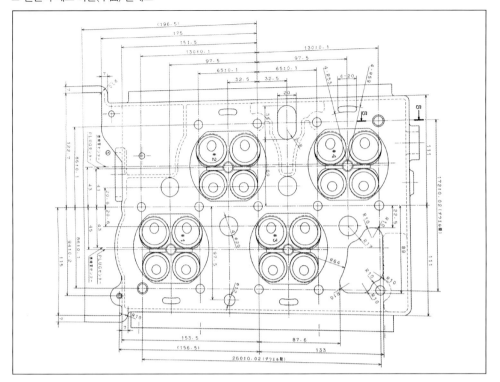

☑ 연소실 그림

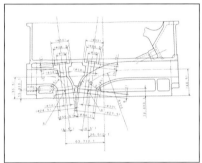

☑ 포트 단면도

☑ 포트 상면(上面)도

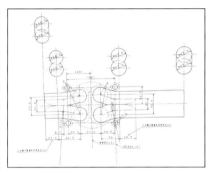

실린더 헤드뿐만 아니라 엔진 전체에서 가장 먼저 설계되는 곳은 연소실과 내경피치이다. 이 두 곳은 한 번 엔진을 만들게 되면 일단 변경이 불가능하기 때문이다. 오늘날은 시뮬레이션을 통해 연소실을 설계하고 있다. 하지만 하야시씨에 따르면 시뮬레이션은 화염전파나 온도분포, 가스흐름은 검증할 수 있지만 연료와 공기가 시시각각 분자조성을 바꿔가면서 진행되는 화학반응까지는 쫓아가지 못한다는 것이다. 즉 엔지니어의 공학과 물리, 화학에 대한 지식과 분석력이 연소실 설계를 좌우한다는 이야기이다. 하야시씨는 닛산에 입사했을 당시 최신예 GP엔진이었던 코번트리 클라이맥스를 연구하는 일부터 시작해 급속연소야말로 엔진의 성능을 향상시키는 핵심이라는 것을 인식하게 된다.

YR20의 밸브 협각은 In8.5°·Ex6.5°로서, 합쳐서 15°밖에 안 될 정도로 각이 좁다. 플러그 센터는 배기 쪽으로 치우쳐 있어서 연소실 용적을 배기 쪽이 많이 차지하고 있다. 이것은 흡기에서 들어오는 차가운 혼합기를 뜨거운 배기 쪽으로 빨리 이동시킴으로서 연소실 내의 온도분포를 균일하게 해 급속으로 연소를 시키기 위해서이다. 엔진 좌우방향으로 잘려나간 것은 스퀴시를 만들어주기 위한 것이다. 스퀴시 비율이 5% 이하가 되도록 설정하고 있다. 텀블과 달리 스퀴시 양을 크게 가져가면 연소가 거칠어져 불안정해지기 쉽기 때문이다. 급속으로 연소하는 다점점화 엔진에서는 스퀴시 자체를 제로로 해도 된다.

사진으로는 판별하기 어렵지만 연소실 형상은 뱅크마다 약간 다르다. 이 엔진은 높이를 낮추기 위해 피스톤 핀의 위치가 중앙에서 벗어나 있다. 이로 인해 연소에 의한 가스의 힘이 피스톤 핀을 축으로 비대칭이 되기 때문에 피스톤 크라운 면 형상과 함께 연소실도 좌우에서 균형을 맞추고 있다.

실린더 헤드의 냉각수는 앞에서 뒤로 흐르는 세로방향의 흐름과, 이것과 직교하는 가로방향의 흐름을 조합해서 흐르게 한다.

직렬에서 아주 약간이라도 실린더를 어긋나게 해서 얻어지는 것은 엔진의 앞뒤길이를 단축할 수 있다는 것이다. 이 엔진의 내경은 85mm이기 때문에 만약 직렬로 배치하면 실린더사이를 10mm 이하로 줄여도 내벽피치가 90mm 이상은 된다. 하지만 어긋나게 배치한 내경피치는 65mm이다. 기통 당 최소한 25mm는 단축할 수 있으므로 다른 4기통 엔진과 비교하면 100mm 가까이 작게 만들 수 있다는 이야기가 된다. 뱅크 사이의 내경피치는 86mm. 두 개의 실린더 블록을 갖는 통상적인 V형 엔진은 물론이고, 트윈 크랭크를 병렬시킨 엔진이라도 실현 불가능한 수치이다. 실린더 헤드가 하나의 모노블록이고, 더구나 형상이 직렬 엔진보다 정사각형에 가깝기 때문에 블록강성이 상당히 뛰어나다는 것도, 복잡한 구조와 맞바꾸면서 까지 얻을 수 있는 이점 가운데 하나이다.

☑ 흡기포트

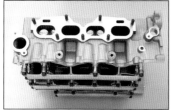

☑ 배기포트

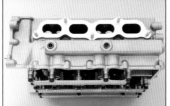

☑ 흡기다기관 분할 윗면(흡기 컬렉터)

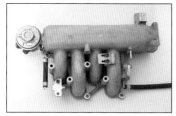

☑ 흡기다기관 분할 아랫면

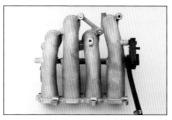
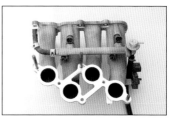

☑ 포트주변 냉각수 통로 단면도

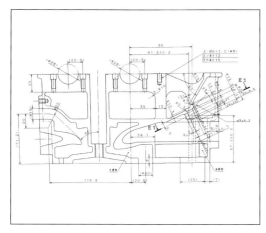

흡기 다기관은 알루미늄합금 소재에, 상하가 분할되는 구조의 주조제품(32페이지 다기관은 알루미늄판금 소재). 연소실 구조를 보면 알 수 있듯이 앞쪽 뱅크는 흡기가 직접 연소실로 들어가는데 반해 반대쪽 뱅크는 실린더 헤드를 횡단하듯이 흡기가 통과한다. 당연히 이 경로를 따라가는 공기는 실린더 헤드에서 뜨거워지기 때문에 좌우 뱅크에서의 흡기온도가 다르게 된다. 이 엔진의 구조상 피할 수 없는 약점이기 때문에 이것을 극복하기 위해 다기관 주변의 워터재킷 용량을 확대하는 식으로 대처하고 있다. 열전도량은 유속의 0.5배에 비례하기 때문에 일반적으로 워터재킷의 용량자체는 작게 하고 유속을 빨리 해 냉각시키는 것이 원칙이지만, 하야시씨는 「어쩔 수 없이 크게 했다」고 말한다. 아이들링과 풀 스로틀로 가속할 때는 유입공기량이 40~50배로 변하기 때문에 부하변동에 대한 완충을 열용량으로 대처한다는 의미도 있다고 한다. 경로 길이가 다르기 때문에 흡기 다기관 길이도 연소실까지의 길이에 맞춰 서로 다르다. 컬렉터 탱크의 분기부분도 돌출부 길이를 바꿈으로서 실린더 별 유입공기량의 균일화와 안정적인 관성과급효과를 얻을 수 있도록 했다. 컬렉터 끝부분에는 플랩(Flap)을 이용해 공기량을 조정하는 간편한 가변장치가 달려 있다.

No.2 캠 / 후방 뱅크의 배기를 제어

센터 캠 / 전방 뱅크의 배기와 후방 뱅크의 흡기를 제어

No.1 캠 / 전방 뱅크의 흡기를 제어

UPPER
CYLINDER
HEAD

[실린더 헤드 상부]

No.2 캠·스프로킷 기어

센터 캠·스프로킷 기어

No.1 캠·스프로킷 기어

아이들러 기어(체인 스프로킷 뒷면에 있는 기어로 센터 캠을 구동)

☑ 로커 암 피벗부분

☑ 로커 암 작동부분

위 사진은 이 엔진을 상징하는 상당히 특이한 캠축의 주변모습이다. 가운데 있는 캠축은 전방 뱅크(흡기 쪽)의 배기와 후방 뱅크(배기 쪽)의 흡기를 담당하며, 양쪽 끝의 캠축은 각각 뱅크의 흡기와 배기만 단일 제어한다. VW의 VR엔진 같이 4캠축 방식을 채택하지 않은 것은 뱅크 각이 너무 좁기 때문에 배치가 어렵고, 밸브를 생각한 대로 배치하기 위해서는 상당히 긴 로커 암을 사용할 필요가 있기 때문이다. 하야시씨는 로커 암을 사용함으로서 관성중량이 증가되는 것을 꺼려해 직타(直他)방식의 밸브구동이 최선이라고 판단했다. 그래서 가능한 직타방식에 가까운 모멘트(Moment)가 되도록 아이디어를 짜냈다(후술).

양쪽의 캠축은 직타방식이 가능한 배치이지만 부품을 같이 쓰기 위해 로커 방식을 그대로 쓴다.

캠축은 크랭크축에서 체인을 통해 상부의 스프로킷을 구동하고, 회전수를 반으로 줄여 센터 캠축을 구동한다. 양쪽의 캠축은 센터 캠축 기어와 같은 지름의 기어로 연결해서 구동하는 구조이다. 기어를 통해 구동하기로 한 것은 스프로킷 지름이 작기 때문에 체인을 사용하면 맞물리는 각이 좁아져 무리하게 되면 마찰손실이 늘어날 수 있어서이다. 사진에서는 기어의 피치가 작아 보이지만 실제의 기어모듈(피치원 직경을 기어 잇수로 나눈 수치)은 2이다. 아이들러 스프로킷은 실린더 쪽과 체인 케이스 쪽 양쪽 축으로 지지된다. 각 캠 기어에는 다우얼(Dowel) 구멍이 뚫려 있어서 밸브 타이밍을 2° 단위로 조정할 수 있다.

#1 실린더 흡기 캠

#2 실린더 흡기 캠

#3 실린더 흡기 캠

#4 실린더 흡기 캠

#1 실린더 배기 캠

#2 실린더 배기 캠

#3 실린더 배기 캠

#4 실린더 배기 캠

밸브 스프링

스프링 시트

로커 암

리테이너

배기 밸브

테스트 가이드

흡기 밸브

CAMSHAFT &
ROCKER ARM &
VALVE
[캠축 / 로커암 / 밸브]

캠축은 강재(鋼材)를 절삭한 다음 열처리와 표면처리를 한 정통 가공물이다. 작용각은 256°에, 오버랩은 In/14°·Ex16°, 최대 양정은 In·Ex 모두 9mm이다. 캠 프로파일은 캠 로브가 리프터에 부딪치기 시작하는 램프부분에서 0.15°는 무효각, 양정 0.43mm부터 유효흡배기가 시작하도록 되어 있다. 밸브 간극은 냉간에서 In/0.25mm·Ex/0.3mm이다. 하야시씨에 따르면 「어쩔 수 없이 채택했다」는 로커 암은 상당히 작고 가볍다. 지지점이 중앙에 있는 방식으로, 양쪽 끝에 캠(力点)과 밸브(작용점)가 있는 시소방식도 아니고, 지지점이 한 쪽 끝에 있어서 캠이 중앙을 누르는 스윙 암 방식도 아닌, 역점(캠축 중심)과 작용점(밸브 축 중심선)이 거의 동일점 상에 있다. 역점과 작용점의 거리가 매우 가깝기 때문에 로커 암에 굴절응력이 걸리지 않고 가볍게 만들 수 있다. 단순히 암이 접촉하는 면과 밸브의 중심관계를 시정만 하기 위한 기능이기 때문에, 레버비1이라 「캠과 밸브 사이에 두터운 심이 있는 것과 동일」하다. 거의 직타방식과 똑같은 동작궤적을 보인다(이 페이지와 다음 페이지 사진참조). 피벗부분은 고정이 안 되어 있고 로커길이 방향으로 약간 요동치듯이 되어 있어서 캠 로브와 서로 갉아먹는 것을 방지한다(밸브 쪽은 밸브가 회전함으로서 접촉면이 이동한다). 롤러 로커를 공

간적인 제약 때문에 사용하지 못 하는 것을 이 장치로 보완하며, 밸브 리프터에 DLC 등의 코팅은 하지 않는다. 롤러 로커 자체기 크고 관성 중량이 있기 때문에 마찰손실 측면에서는 사용하고 싶지 않은 사정도 있다. 직타방식의 경우, 닫히는 쪽이 밸브 스프링의 장력에 의존하기 때문에 조절장치(Adjuster)를 사용하지 않으면 미세한 밸브 점프(밸브 타이밍의 변동)가 발생하므로 롤러 로커를 사용하는데 따른 장점이 있다. 하지만 다기통 엔진에서는 다른 실린더 사이의 밸브개폐에 따른 반작용을 기대할 수 있다는 점과 이 엔진에서는 3개의 캠축이 기어를 통해 단단히 연결되어 있기 때문에 문제는 없다.

밸브도 캠축과 마찬가지로 극히 일반적인 소재로 설계된다. 밸브의 헤드부분 두께는 가능한 얇게 해 각도를 완만하게(15~25°) 하는게 좋다는 것이 하야시씨의 지론이다. 이 지론에 따르면 튤립형이라 불리는 각도가 있는 밸브보다는, 흡기가 밸브 원주 바깥쪽을 흐르기 때문에 스월을 촉진하는데도 기여한다.

시트가 접촉하는 면(시트 컷)은 45°, 밸브 시트의 재질은 철 계열의 소결(燒結)소재이다. 황동 계열이나 인청동 계열의 재질이 많은데, 소결소재는 강도와 열 발산에 대한 균형이 뛰어나다고 한다.

☑ No.1 캠축

☑ 센터 캠축

☑ No.2 캠축

☑ 로커 암

☑ 흡기 밸브

☑ 배기 밸브

☑ 캠 록 암·밸브의 작동 순서

일반적인 로커 암과 달리 YR20의 로커 암은 캠이 로커 암을 누르는 역점과 로커 암이 밸브를 누르는 작용점이 동일 축 상에 있다는 점이다. 캠과 밸브의 위치가 떨어져 있으면 로커 암에는 굴절방향의 모멘트가 걸리지만, YR20 방식에서는 굴절하중이 걸리지 않는다. 그 때문에 로커 암을 작고 가볍게 만들 수 있다. 지지점 하부의 피벗은 완전히 고정되어 있지 않고, 로커 암은 위아래로 목을 흔들면서 앞뒤로도 요동친다. 그 때문에 캠의 접촉점이 계속적으로 일정하지 않기 때문에 갉아먹는 것을 방지할 수 있다. 밸브를 많이 구동하는(16밸브 중 8밸브를 구동) 센터 캠축을 채택한 이 방식은 직타방식과 매우 가까워, 손실이 적은 캠·밸브 계통의 모멘트가 된다.

「실린더 헤드는 엔진성능의 모든 것을 지배합니다. 엔진부품 가운데 가장 설계가 어렵죠」하야시선생은 입을 떼자마자 이렇게 말한다. 비전문가인 내가 보더라도 구성부품이 많고 서로 복잡하게 얽혀서 작동하는 실린더 헤드의 어려움을 상상할 수 있지만, 닛산 부흥기 때부터 레이스 세계까지 갖가지 엔진을 실제로 설계해 온 하야시선생의 입을 통해 듣고 있자니 무게감이 다르다.

무엇이 어렵다는 것일까. 실린더 헤드는 「연소실 형상」「점화플러그의 최적배치」「흡배기 포트 및 시트/가이드 형성」「캠축 및 밸브 시스템의 수납」「워터 재킷의 형성」「구조부재로서의 강도확보 및 블록과의 결합」「흡배기 매니폴드의 지지와 결합」과 같은 역할을 담당한다. 이런 역할들을 만족시키기 위해 4대역학, 즉 재료역학과 기계역학, 유체역학, 열역학 모든 것을 동원해야 하는 것이다.

「설계하는데 있어서 가장 우선시해야 하는 것은 연소입니다. 그리고 냉각과 흡배기이죠. 굳이 어느 쪽이 두 번째 우선순위냐 하면 그 때마다 다릅니다. 노킹을 일으킨다면 냉각을 우선시해야 하고, 출력이 나오지 않을 때는 흡배기를 우선시하는 식이죠」

연소를 분석해 보면 「이미 연소된 가스(Burned Gas)에 의한 밀어내기」「화악~하고 타들어가는 속도」「가스유동」3가지가 속도를 결정하게 되는데, 가장 지배적인 것은 연소된(旣燃) 가스라고 한다. 혼합기가 연소하기 시작하면 이미 연소된 부분은 연소에 의해 압력이 급격하게 상승하고 화염이 미연소 부분의 혼합기를 압축하는 형태가 된다. 그러면 미연소 부분은 더욱 압축되어 고밀도 상태로 바뀐다. 자체적으로 착화하기에 매우 좋은 분위기가 만들어지는 것이다. 그 때문에 연소실은 가능한 작게, 혼합기는 한 가운데서 점화되고, 주변으로 갈수록 용적이 작아지는 형상이 이상적이다. 즉 현재 주류를 차지하고 있는 펜트루프식 연소실에다가 내경의 중심에 점화플러그가 꽂히는 구조로 귀결되는 것이다.

실린더 헤드의
변천과 설계 상의 주요사항

실린더 헤드의 변천과 설계 상의 주요사항
이미 교직에서는 물러났지만 하야시 요시마사선생은 레이스용 엔진부터 시판차량용까지 다양한 엔진을 설계해 왔다.
고효율 운전의 최고봉이라 할 수 있는 레이싱 엔진까지 만들어본 경험이 있기 때문에, 틀림없이 「하야시 고유의 체계」가 있을 것이라고 생각해 핵심사항들에 관해 물어보기로 했다. 아마추어 입장에서의 질문에도 성실히 대답해 주신 선생과의 문답 관련 글이다.
본문 : 만자와 료타(MFi)

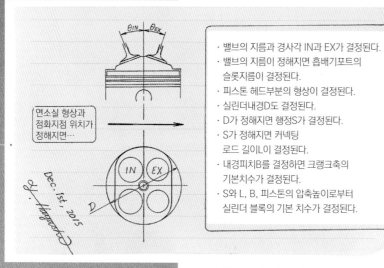

연소실 형상과 점화지점 위치가 정해지면…

- 밸브의 지름과 경사각 IN과 EX가 결정된다.
- 밸브의 지름이 정해지면 흡배기포트의 슬롯지름이 결정된다.
- 피스톤 헤드부분의 형상이 결정된다.
- 실린더내경D도 결정된다.
- D가 정해지면 행정S가 결정된다.
- S가 정해지면 커넥팅 로드 길이L이 결정된다.
- 내경피치B를 결정하면 크랭크축의 기본치수가 결정된다.
- S와 L, B, 피스톤의 압축높이로부터 실린더 블록의 기본 치수가 결정된다.

Dec. 1st. 2015

엔진의 주요부분을 지배한다.

연소실 형상이

연소실은 혼합기를 단속하면서 부드럽게 흐르고 하고, 연소를 위한 방(Chamber)을 구축하고, 열은 최대한 사용하고, 하지만 국소적으로 고온이 되지 않도록 냉각수로 열을 흡수시키고, 냉각수가 순환하기 위한 통로를 설치하면서도 강도는 최대한으로, 추가로 작고 가볍게 만든다.

「그래서 저는 가능한 초기연소를 빨리 합니다. 그렇게 하면 좋은 점들이 많은데요. 일단 연소가 빠르면 화염이 전파되는 거리가 상대적으로 줄어들게 되죠. 거리가 줄어들면 가스 밀도가 높아지기 때문에 연소를 하기가 더 쉬워집니다. 그런데 내경의 끝 부분에 가서는 얘기가 틀려지죠. 마치 반란군이 기다린다고나 할까, 화염도 기세가 떨어지게 되죠. 그래서 가능한 기세가 등등할 때 도달하게 하려는 겁니다」 그럼 연소의 재료인 공기는 어떻게 받아들일까. 충전효율을 높이는 흡배기 시스템 설계는 동적효과를 잘 사용하는 것이 중요하다. 흡배기 포트는 흐르게만

놔두는 관이 아니라 밸브를 통해 차단됨으로서 가스가 흘렀다 멈췄다(間歇) 한다.
다기관까지 포함한 관 길이/관 용적과 밸브 개폐 시기를 이용해 공기의 관성을 최대로 활용함으로서 실린더가 원래 흡입하는 이상의 공기를 흡입할 수 있도록 한다.
「정상적인 흐름이 기본이지만 흘렀다 멈췄다 하기 때문에 동적효과가 생기는 것이죠. 정상적 흐름에서는 동적효과는 안 생기니까요. 따라서 동적효과를 어떻게 사용하느냐가 관건인데요, 바로 관성과급, 관성배기가 등장하는 것이죠. 질량이 있고 간헐이 작용해 관성으로 이어지는 겁니다. 정적인 저항 이야기가 아니니까요. 그래서 포트 지름이 작아도 지름이 큰 경우보다 더 많이 넣을 수 있는 겁니다」
마지막으로 냉각이다. 연소실 내의 온도는 2500℃까지 올라가기도 하는데, 그 때문에 연소실 표면온도는 200℃ 이상이 되기도 한다. 실린더 블록도 윗부분은 180~200℃이지만 아랫부분은 전혀 다르게 85℃ 정도까지 떨어진다. 실린더 헤드에 냉각성능이 요구되는 이유를 잘 알 수 있는 수치이다. 혼합기는 온도가 높은 쪽에서 불이 잘 붙기 때문에 가능한 균일한 온도로 분포되게 해야 할뿐 아니라, 흡기 쪽은 충전효율을 높이기 위해 온도를 낮추는 것이 좋다.

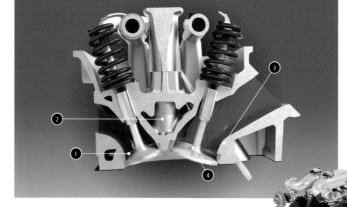

가스유동과 온도분포
중요한 곳은 연소실, 그리고 냉각과 흡배기이다. 연소실 주변 특히 배기밸브 시트(1) 주변은 고온상태이기 때문에 냉각수 흐름을 빨리해 적극적으로 냉각시키는 것이 좋다. 밸브와 플러그의 배치와 균형을 맞춰가면서 수로 내의 유속을 제어한다(2). 흡기포트는 어느 정도의 곡률(3)이 필요하다. 더불어 밸브의 산(傘) 각도(4)도 15~25도가 적당하다고 한다.

다점점화 시스템

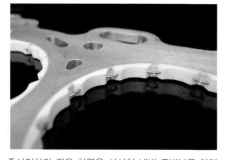

중심점화의 경우 화염은 서서히 내벽 주변부를 향해 퍼져나간다. 그런데 화염이 도달하기 전에 고온자기착화를 하는 것은 피해야 한다. 그래서 내벽 부분을 따라 적극적으로 점화시키겠다는 것이 이 시스템의 목적이다. 차원이 다른 초급속연소를 실현한다.

VRH35형 엔진

하야시선생이 만든 그룹C카용 3.5리터 V8터보엔진. 840마력을 발휘하는 괴물이다. 레이스 엔진이면서 고효율 운전을 구현했다. 직선거리를 달릴 때도 공연비 15.5인 희박연소를 실현. 배기터빈으로 들어가는 배기가스 온도가 780℃ 정도에 그쳤다.

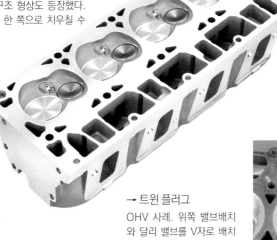

↓ 다공(多孔)형 연소실
OHV가 등장해 연소실이 내경 안으로 줄어들게 되자, 연소실은 당연히 사이드 밸브를 사용하던 시절보다 작아지면서 욕조(Bathtub) 형태가 등장한다. 밸브 주변으로만 구멍을 파놓은 다공구조 형상도 등장했다. 점화플러그가 한 쪽으로 치우칠 수 밖에 없다.

→ 5M-GEU형 엔진
도요타 최초의 DOHC는 2000GT에 탑재된 3M타입. 그 후 세월이 흘러 소아라에 탑재된 5M-GEU가 오랜만의 DOHC 엔진이었다. 일본 최초의 2000cc 초과 엔진이라는 영예도 안고 있다. 이후 도요타는 DOHC 엔진에 주력한다.

→ 트윈 플러그
OHV 사례. 위쪽 밸브배치와 달리 밸브를 V자로 배치함으로서 가스유동을 직선적으로 할 수 있다는 장점이 있다. 더불어 이 연소실에는 점화플러그 2개를 사용하고 있다. 큰 내경의 연소를 보좌하는 수단이다.

↓ FJ20형 엔진
닛산도 오랫동안 SOHC를 사용해 오다가 FJ20에 이르러 DOHC로 전환한다. 5M-GEU와 똑같은 1981년의 일이다. 스카이라인에 탑재되어 등장했다. 펜트루프형 연소실이지만 밸브 협각이 크다는 특징이 있다.

↓ 카운터 플로우 구조
실린더 헤드 한 쪽으로 흡배기 포트가 모여 있는 카운터 플로우 구조는 밸브 트레인을 직타방식으로 할 수 있어서 간단한 구조인 반면에, 연소실 내에서 가스유동이 180도 선회하기 때문에 저항이 크고 소기(掃氣) 측면에서도 불리하다.

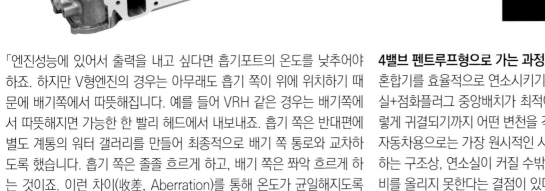

「엔진성능에 있어서 출력을 내고 싶다면 흡기포트의 온도를 낮추어야 하죠. 하지만 V형엔진의 경우는 아무래도 흡기 쪽이 위에 위치하기 때문에 배기쪽에서 따뜻해집니다. 예를 들어 VRH 같은 경우는 배기쪽에서 따뜻해지면 가능한 한 빨리 헤드에서 내보내죠. 흡기 쪽은 반대편에 별도 계통의 워터 갤러리를 만들어 최종적으로 배기 쪽 통로와 교차하도록 했습니다. 흡기 쪽은 졸졸 흐르게 하고, 배기 쪽은 좌악 흐르게 하는 것이죠. 이런 차이(收差, Aberration)를 통해 온도가 균일해지도록 했습니다」

실린더 헤드 안에서 특히 고온으로 올라가는 곳은 연소실 벽면과 배기 밸브시트 주위, 점화플러그 나사부 주변 등이다. 그 중에서도 배기 밸브시트 주위는 500,000kcal/m² h나 되는 열 유속이 발생한다. 원자로가 1,000,000 정도이므로 얼마나 대단한지 알 수 있을 것이다. 하지만 4밸브 실린더 헤드는 구조가 복잡하고 수로 설계가 어렵다. 냉각수는 유속의 1/3~1/2배에 비례해 열을 빼앗기 때문에, 실린더 블록에서 유입된 비교적 온도가 낮은 냉각수를 이렇게 고온으로 올라가는 부분으로 유속을 높여 흐르게 하는 식으로, 적극적으로 냉각시키는 것이 중요하다.

4밸브 펜트루프형으로 가는 과정

혼합기를 효율적으로 연소시키기 위해서는 4밸브방식 펜트루프형 연소실+점화플러그 중앙배치가 최적이라는 것은 앞서서 설명했다. 그럼 이렇게 귀결되기까지 어떤 변천을 겪어 왔을까.

자동차용으로는 가장 원시적인 사이드 밸브는 밸브를 내경 바깥에 배치하는 구조상, 연소실이 커질 수밖에 없고, 그러면 냉각손실이 커서 압축비를 올리지 못한다는 결점이 있다. 연소실을 작게 만들 수 있도록 밸브를 내경 안에 배치한 것이 OHV이다. 이렇게 함으로서 사이드 밸브의 단점이 해소되고 엔진성능은 대폭적으로 좋아졌다. 하지만 그런 한편으로 캠 로브가 밸브 스템을 직접 구동하는(직동방식) 사이드 밸브에 반해, OHV는 로커 암과 푸시로드를 갖춰야만 해서 성능을 더 높이는 데는 과제(고성능화, 고속화)를 안게 된다. 그런 OHV가 판을 치던 60년대 초, 하야시선생은 닛산에 입사하게 된다. 최초로 배속된 곳은 중앙연구소. 거기서 고속엔진 개발이라는 임무를 받는다. C17이라고 하는 엔진은 닛산 최초의 알루미늄 헤드이다. 그리고 2밸브이면서 DOHC가 적용되었다. 1964년도의 일이다.

「왜 C17로 명명했느냐면 조사명령 17번째였던 겁니다. 이때 10,000rpm이 넘었었죠. 다음 해에는 100마력을 돌파하기도 했구요. 이러는 사이에 연구소에서 저의 가치도 상당히 높아졌죠. 선배와 동료의 도움이 있긴 했습니다만, '저 친구 처음 설계했는데 저런 엔진을 만들다니' 하면서요」 그도 그럴 것이다. 당시의 일본 엔진은 기껏해야 5,000rpm이 적절했기 때문이다. 10,000rpm을 설계하기 위한 동력 시스템조차 없었던 시절의 이야기이다. 캠 트레인에는 크랭크축에서 기어를 이용해 헤드로 보내고, 최종감속에 체인을 이용했다. 당시의 헤드 개스킷이 석면을 이용했던 관계로, 체결할 때 크게 변형되는 구조여서 치수정확도를 추구할 수 없었기 때문이다.

나아가 C17에는 많은 생각이 반영되었는데, 2플러그에 완전 트랜지스터 점화장치를 사용한 것도 그런 사례이다. 앞서 언급했듯이 엔진의 이상은 급속연소이다.

화염전파속도를 높이는 방법으로 점화지점을 2군데에 두는 것이 유효하다. 「왜 그러냐면 자동차 메이커의 직원 입장에서는 좀 그렇지만, 항공엔진은 트윈 플러그입니다. 저는 항공 쪽에 있었기 때문에 플러그를 2개 끼우는 거라 생각했던 거죠」

하야시선생은 그 후에도 중앙연구소에서 엔진개발을 계속한다.

시판차량용 엔진의 개량에 종사하면서 계속해서 엔진을 고속화해 나간다. 1965년에는 SOHC 헤드를 갖는 L형 엔진이 등장.

왼쪽 : 1924년의 알파로메오

GP카 P2에 탑재된 2.0리터 직렬8기통 SC과급 엔진. 90도 이상으로 열린 흡배기 밸브의 협각, 아래쪽에서 뻗어나간 흡배기포트, 큰 연소실과 피스톤 그라운이 연출하는 대형공간 등, 현대적인 시가에서 보면 상당히 흥미롭다.

중간 : 1960년대의 코번트리 클라이맥스

욕조 타입, 웨지 타입을 거쳐 다음으로 등장한 것이 반원형 연소실이다. 코번트리는 일찍부터 이 연소실을 채택했다. S/V비(연소실 표면적/용적)를 작게 해 고효율을 도모한 설계로서, 피스톤 크라운이 크게 솟아있는 것을 그림으로도 알 수 있다.

오른쪽 : 1966년의 코스워스

더 뛰어난 고효율을 목표로 한 코스워스. 연소실이 최대한 작아지도록 펜트루프형을 채택하고 피스톤 크라운을 평평하게 했다. 밸브 협각이 왼쪽그림부터 점점 좁아지는 것을 이해할 수 있을 것이다. 또한 3종류 모두 밸브 직동방식이다.

↓ 웨즈레이크박사의 포트 설계
연소실을 작게 만들어 냉각손실을 최소화했다. 그러면 압축비에 여유가 있어서 돌출된 피스톤 크라운도 평평해진다. 밸브 협각도 작아져 실린더 헤드 자체가 작아진다. 현대의 이론을 확립한 것이 웨즈레이크박사였다.

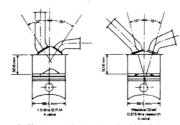

Differences between the Weslake and BRM designs are significant

↓ 코스워스 DFX의 포트설계
코스워스 DFV는 중심점화+협각설계의 4밸브 구조에, 아래 그림과 같이 펜트루프형 연소실, 슬롯 부분을 활용한 흡기 텀블류 등을 갖추고는 무적의 엔진으로 명성을 날렸다. DXF는 DFV의 단행정+터보과급 사양이다.

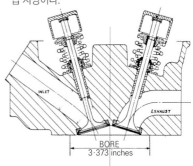

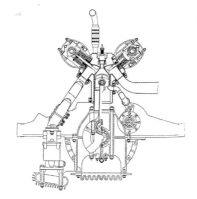
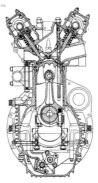
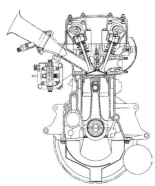

1967년에는 H형 엔진을 SOHC로 개량한 U20이 SR311형 페어레이디에 탑재된다.

「이 U20을 내가 레이스용으로 썼는데, 로커 암을 갖고 와서는 밸브를 작동시켰던 겁니다. UY20이라고 하는 엔진인데 이것이 닛산 최초의 크로스 플로우(Cross-Flow)방식의 실린더 헤드였습니다. 200마력을 가볍게 넘었었죠」

직동방식 SOHC는 실린더 헤드 쪽에 흡배기 밸브가 직렬로 정렬해 있는 구조이다. OHV와 똑같은 쐐기 연소실에다가 실린더 헤드 한 쪽에 흡배기 포트가 나 있다. 즉 가스가 실린더 안에서 U턴하는 식으로 움직이는 것이다. 밸브지름을 확대하는 데에도 한계가 있다. 이런 것들을 해결하기 위해 흡배기 밸브를 V자형으로 배치하고, 흡배기 가스유동을 직선적으로 흐르게 한 것이 UY20이었다. 덧붙이자면 U가 그 당시 선생의 여자친구 이니셜을 딴 것이라는 사실은 잘 알려져 있다(Y는 요시마사).

한편 해외로 눈을 돌려보면, 벌써 유럽과 미국의 엔진은 DOHC를 훨씬 전부터 실용화해 10,000rpm은 가볍게 뛰어넘는 성능을 발휘하고 있

었다. V형으로 배치한 SOHC가 가스유동이 원활하기는 하지만 밸브지름을 확대하려고 할 때 협각의 확대를 초래해 연소실이 점점 커지게 된다. 혼합기의 기세나 압축비도 약해져 그것을 보충하기 위해 피스톤 크라운이 점점 돌출되었다. 그래서 지름을 억제하는 한편으로 수량을 늘림으로서 커튼면적(밸브 양정 양×밸브지름 면적)을 확대하는 동시에, 협각을 축소해 연소실을 작게 하는 4밸브 방식이 개발되었다. 물론 피스톤 크라운은 평평한 형상이다. 더불어 4밸브는 점화플러그를 내벽지름 중심부에 배치할 수 있다는 장점도 있었다.

「저는 그런 점을 크게 부각시킨 사람이 웨즈레이크박사라고 생각합니다. 웨즈레이크 박사가 저에게 준 그림이 하나 있는데요. 잘 간직하라면서 주더군요」

동서양을 불문하고 엔진의 연소를 파고들어가다 보니 저절로 해답은 한 군데로 모였다. 오토사이클이야 말로 최선의 엔진이라고 말하는 하야시 선생은 여러 시행착오를 반복하기는 했지만, 최종적으로는 이상적인 엔진에 도달한 것이다.

21세기 「빅 헤드」 시대의
연소에 등장한 엔진들

실린더 블록이 「첨가물」처럼 생각될 만한 최신 엔진의 실린더 헤드, 소위 말하는 엔진의 「상부구조」는 크다.
엔진의 콘셉트를 결정하는데 있어서는 실린더 블록=엔진 하부구조 설계가 중요하지만,
시장과 사회의 요구치를 만족시킬 만한 성능을 계속해서 선취하려면 상부구조 설계를 최적화할 필요가 있다.

본문 : 마키노 시게오 그림 : BMW / 도요타 / 마키노 시게오

FRONT
VIEW

2015 TOYOTA 8NR-FTS Turbo

현재의 도요타 기술을 망라한 엔진. 내경 71.5×행정 74.5mm, 직렬4기통으로 총배기량은 1196cc. 최고출력 85kW/5200~5600rpm, 최대토크 185Nm/1500~4000rpm. 흡배기 모두 VVT를 갖추고 있으며 압축비는 10.00이다. 이 각도에서는 엔진 블록이 전혀 보이지 않는다. 양쪽으로 VVT를 갖춘 실린더 헤드의 크기가 인상적이다.

1987 TOYOTA 4S-Fi Inline

22° 35

고출력을 위한 DOHC에서 효율이 높은 4밸브로 전환, 그것이 도요타의 하이 메커니즘 트윈 캠이었다. 내경 82.5×행정 86.0mm, 배기량 1838cc에서 최고출력 105ps/5600rpm, 최대토크 15.2kg·m/2800rpm. 당시로서는 이례적이라 할만큼 저속회전 엔진이었다.

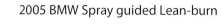

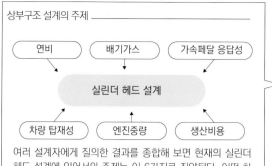

상부구조 설계의 주제

연비 → 배기가스 → 가속페달 응답성

→ 실린더 헤드 설계 ←

차량 탑재성 → 엔진중량 → 생산비용

여러 설계자에게 질의한 결과를 종합해 보면 현재의 실린더 헤드 설계에 있어서의 주제는 이 6가지로 집약된다. 어떤 차량에 탑재하고 고객이 어떤 이점을 기대하고 있을까. 6가지 주제를 균형 잡는 것은 거기서 결정된다.

배기 다기관을 실린더 헤드 안으로 집어넣고 그 주변으로 냉각수로가 지나가고 있다. 다기관 일체화는 흐름이기도 하지만, 이것이 가능해진 배경은 정밀주조기술에 있다.

피스톤이 움직이는 범위
실린더 안으로 공기가 들어가고 그것이 연료와 함께 연소되어 폭발압력으로 발휘된다. 엔진 작업은 이것뿐이고, 실린더 블록은 압력에 견딜 수 있는 강도가 있으면 되는 것이다.

「상부구조」와 「하부구조」의 분기점
이 린번(희박연소)엔진은 피스톤 크라운이 상사점보다 높다. 도요타의 「경사 컷 스퀴시」 형식 피스톤도 그렇지만 피스톤 상사점에서 하부구조가 연소실을 형성하지 않게 되었다.

실린더 헤드의 설계는 그 자체로 엔진의 특성이나 성격을 대변한다. 예를 들면 도요타의 엔진이 그렇다. 앞 페이지의 8NR-FTS는 최신 터보 엔진, 흑백그림은 1987년에 등장한 「하이 메커니즘 트윈 캠」엔진인 4S-Fi이다. 4반세기의 시차가 그다지 느껴지지 않는 것은 4S-Fi가 밸브협각(흡/배기밸브의 상대각도)이 좁은 소형 연소실로 되어 있기 때문이지만, 잘 보면 뾰족한 캠 로브의 직동식이고, 흡기포트에 연료 인젝터가 없는(즉 싱글 포인트 인젝션) 등, 예전 기술임을 부정할 수는 없다. 캠축은 블록 내에 배치된 시저스(Scissors) 기어로 구동했는데, 이 기어를 도요타는 하이 메커니즘 캠이라고 불렀다.

이 「S시리즈」엔진으로 인해 DOHC 4밸브 방식이 「보통 엔진」이 되었다. 당시의 유럽은 SOHC 2밸브가 일반적이었는데, 도요타가 카롤라 같은 대중차량에까지 DOHC 4밸브를 적용하자 유럽 메이커들이 긴장하면서 현재에 이르는 엔진개발경쟁이 시작되었다. 4밸브가 대중화(Democratization)되는 전환점이었던 것이다. 그런 의미에서 S시리즈는 기념할만한 엔진이다.

80년대 후반에는 흡기시스템이 크게 진화한다. 관성과급과 공명과급을 이용하게 되면서 이를 위한 흡기 챔버(컬렉터) 설계, 밸브개폐시기 제어 시스템의 등장 등, 점차적으로 엔진에 보조장치가 달리게 되었다. 그 배경으로 일본의 경우는 연비와 출력의 양립이 있었고, 미국에서는 CAFE(기업별 평균연비)가 있었던 반면에 당시의 유럽에는 아직 배기가스규제가 없었다. 유럽 메이커들이 「고성능 차량을 위해서만 DOHC를 적용하고 나머지는 SOHC나 OHV라도 문제없다」는 느낌의 엔진 라인업을 계속 가져갔던 이유 가운데 하나는 배기가스규제가 없었기 때문이다.

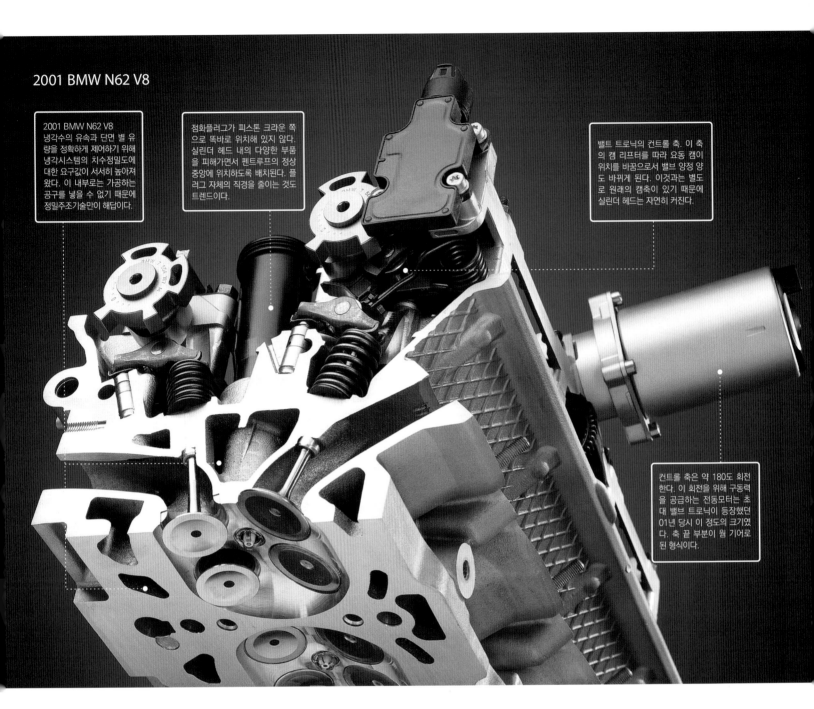

2001 BMW N62 V8

2001 BMW N62 V8
냉각수의 유속과 단면 별 유량을 정확하게 제어하기 위해 냉각시스템의 치수정밀도에 대한 요구값이 서서히 높아져 왔다. 이 내부로는 가공하는 공구를 넣을 수 없기 때문에 정밀주조기술만이 해답이다.

점화플러그가 피스톤 크라운 쪽으로 똑바로 위치해 있지 않다. 실린더 헤드 내의 다양한 부품을 피해가면서 펜트루프의 정상 중앙에 위치하도록 배치된다. 플러그 자체의 직경을 줄이는 것도 트렌드이다.

밸트 트로닉의 컨트롤 축. 이 축의 캠 리프터를 따라 요동 캠이 위치를 바꿈으로서 밸브 양정 양도 바뀌게 된다. 이것과는 별도로 원래의 캠축이 있기 때문에 실린더 헤드는 자연히 커진다.

컨트롤 축은 약 180도 회전한다. 이 회전을 위해 구동력을 공급하는 전동모터는 초대 밸브 트로닉이 등장했던 01년 당시 이 정도의 크기였다. 축 끝 부분이 웜 기어로 된 형식이다.

그럼 현재의 엔진은 어떨까. 유럽·미국·일본 모두 실린더 블록이 보이지 않을 정도로 많은 보조장치를 장착하는 동시에 실린더 헤드 쪽이 크다는 특징을 들 수 있다. 이 페이지에서 거론하는 엔진은 모두 BMW 제품으로, 실린더 헤드가 단번에 거대해진 이유가 가변밸브 시스템인 「밸브 트로닉」에 있다는 것을 잘 알 수 있다. 포트 분사시대에는 캠 직동방식 밸브였던 것이 핑거 팔로어(Finger Follower)방식으로 바뀌고, 나아가 접촉부분의 마찰손실 저감을 노리고 롤러를 사용함으로서 밸브와 캠이 점점 멀어져 갔다. 거기에 가변밸브 시스템이 합쳐지면서 실린더 헤드는 더 거대해진 것이다.

또 한 가지, 배기량이 큰 V형 엔진의 뱅크 내에도 보조장치가 장착되었다. 진에는 흡기 컬렉터만 있었던 이 장소에 BMW는 뱅크 바깥쪽 흡기라고 하는 대전환을 하면서 터보를 집어넣었다. 당연히 흡기시스템도 나름대로의 체적을 갖고 있기 때문에 직렬엔진과 더불어 V형엔진도 실린더 블록 이외의 체적이 증가하고 있다.

더 살펴보자면 외관 상 상부구조의 비대화를 촉진하는 것이 배기량 다운사이징과 실린더 감소화(Less Cylinder) 경향이다. 변속기까지를 포함한 파워 패키지의 소형경량화와, 그로 인한 차량의 소형경량화와 함께 엔진의 열효율 향상을 통해 CO_2 배출을 억제하겠다는 목적이지만, 엔진 가격은 확실하게 올라갔다. 배출가스 규제와 연비규제 강화는 엔진의 연소를 개선하라는 요구로 작용하면서 이상적인 연소를 위한 사전준비와 사후처리가 복잡해지고 있는데, 거기에 박차를 가한 것이 다운사이징과 실린더 수 감소인 것도 사실이다.

적어도 엔진 설계자들은 상부구조를 크게 만들고 싶어 하지 않는다. 「더 작게 하는 편이 엔진으로서는 멋지죠」라는 목소리가 많다. 하지만 자동차를 둘러싼 환경이 그것을 허락하지 않았다. 많은 엔진 설계자들이 「지금 갖고 있는 기술로는 실린너 헤느가 커지는 것을 피할 수 없다」고 말한다. 어떤 자동차 메이커가 됐든, 어떤 나라·지역이든 실린더 헤드의 대형화는 피할 수 없을 것 같다.

연비 때문에 열효율을 높인다. 그러기 위해서 압축비를 높여 고속연소를 시키고 싶어 한다. 그렇게 하면 배기온도가 높아지기 때문에 냉각시

실린더 안으로 직접분사하기 위한 연료공급 파이프. 포트분사에서는 실린더 헤드 근처에 위치하던 연료파이프도 직접분사 엔진에서는 이 장소에 위치한다. 파이프 끝에는 인젝터가 연결되어 연료를 분사한다.

점화플러그로 전력을 공급하는 코일. 예전에 배전기를 사용하던 시절에는 점화시기가 일정했지만 실린더 별 코일로 바뀌면서 점화시기와 공급에너지 양을 바꿀 수 있게 되었다.

V뱅크 안에 터보를 배치한 이 엔진은 뱅크 바깥쪽에서 흡기를 받아들인다. 인터쿨러를 제외하면 흡기시스템 거의가 수지제품이다. 엔진에 수지부품을 사용하는 흐름이 전 세계적으로 서서히 진행 중이다.

밸브 트로닉은 세대를 지날 때마다 개선되어, 치밀한 제어를 바탕으로 운전자가 체감하는 성능 또한 매우 발전하고 있다. 하지만 기구 전체가 극적으로 작아진 것은 아니라, 아직도 「장소를 차지하는 기구」로 여겨지고 있다. 밸브 트로닉 안쪽으로 측면에서 돌출된 원통형태의 컨트롤 축 구동모터가 보인다.

래시 어저스터는 작고 눈에 띄지 않는 부품이지만 밸브시스템 발전을 뒤에서 지탱해 왔다. 신뢰성이 높은 부품인 것이다. 핑거 팔로어(로커 암)에서의 롤러 내장과 세트로 상용되고 있다.

BMW는 밸브 트로닉이 등장한 이후에도 실린더마다 버터플라이 밸브가 달린 이런 엔진을 라인업으로 갖고 있었다. 04년 모델인 M5에 장착된 V10 엔진으로, 작은 실린더 헤드와 직동 캠은 왕년의 레이싱 엔진을 연상시킨다.

스템은 강화해야 한다. 기계구조 상 장행정이 유리하지만 거기에도 한계는 있고, 커넥팅 로드 비는 별로 건드리고 싶지 않다. 기계 제원뿐만 아니라 밸브 타이밍의 효능까지 합쳐서 사용하지 않으면 차량탑재성이 떨어지는 엔진이 되어 버린다. 그런 가변밸브 시스템 기구는 복잡하고 비용도 들어간다. 현대의 엔진은 이렇게 이율배반적일 뿐만 아니라 사면초가인 상태에서 엔진의 발전이 요구되고 있는 것이다.

실린더 헤드는 왜 커지는 것일까. 이 질문에 대해서 「왜 지금까지는 작았던 것일까」하고 되물을 수 있다. 그것은 연소를 궁극적으로 연구하지 않았기 때문이고, 연구기술이나 궁극적으로 연구해야 할 만한 이유도 존재하지 않았기 때문이다. 열효율 50%를 목표로 하고 있는 지금, 엔진은 자신의 모습을 바꿔나가지 않을 수 없는 상황인 것이다.

BMW가 15년 7월에 발표한 워터 인젝션 엔진. 단면을 살펴보면 하부구조인 엔진 블록이 단면적의 약 4분의 1을 차지한다는 것을 알 수 있다. 세로배치 FR차량에 장착할 때는 이와 같이 횡으로 눕히지 않으면 보닛 안에 들어가지를 않는다. 차세대 「대형 헤드」를 암시하게 해준다.

마쯔다 방식의 실린더 헤드 제조기술
정밀 모래 틀을 사용해 1분 만에 주조

마쯔다는 스카이 액티브 엔진 도입에 맞춰 실린더 헤드 제조에 모래 틀(사형)주조를 도입했다.
주요 목적은 연소실이나 냉각수로를 설계한 그대로 정확하게 양산하기 위한 것이었다.
금형과 달리 모래 틀에는 보온효과가 있을 뿐만 아니라 녹아든 알루미늄이 구석구석까지 도달한다는 장점이 있다.

본문&사진 : 마키노 시게오

1.

2.

1. 스카이 액티브 엔진의 실린더 헤드. 모래 틀 성형을 끝마친, 기계가공을 하기 전 상태이지만 각 실린더마다 2개씩인 포트의 얇은 분할 벽을 보면 새로운 모래 틀 주조기술이 갖고 있는 잠재력이 높다는 것을 실감하게 된다.

2. 스카이 액티브 기술이 되기 전의 MZR엔진 실린더 헤드도 모래 틀 주조로 양산되었다. 유럽에서도 높이 평가하는 엔진이었지만, 스카이 액티브 엔진의 완성도에 비하면 「구세대」를 느끼게 한다.

초고속진공 다이캐스트로 제작한 엔진 블록

실린더 블록은 알루미늄 용탕을 단시간에 초고압으로 압송하는 초고속진공 다이캐스트 제조법으로 만들어진다. 실린더 헤드와는 대조적인 제조법으로, 기계가공에 중점을 둔다. 적재적소의 「분할 제조」를 통해 각각의 요구를 충족시킨다.

실린더 블록과 실린더 헤드의 제조는 금형주조(다이캐스트)가 주류이다. 금형 안에 복잡한 형상의 코어를 집어넣고, 거기에 고압으로 녹인 알루미늄을 압송하는 고압주조(High Pressure Diecasting=HPD) 기술이 개발되면서 정확한 주물을 만들 수 있게 되었다. 또한 성형대상에 따라서는 저압주조(Low Pressure Die casting=LPD) 같은 방법도 있으며, 이 방법도 일반적으로는 이용되고 있다. 그런 시절에 마쯔다는 최신기술을 투입한 스카이 액티브 엔진늘을 제조하는데 있어서 모래 틀(砂型) 주조라는 방법을 선택했다. 2액성 경화수지를 섞은 특수 모래를 사용해 실린더 헤드의 외관형상을 이루는 모래 박스와, 디젤 엔진 같은 경우는 13개, 가솔린 엔진은 12개의 코어를 만들어 틀을 조립한다.

연소실 천정이 되는 면과 모래 틀을 쌓아올릴 때의 베이스 플레이트는 금속제품의 주물 틀을 사용해 정밀도가 높은 샌드 패키지를 만든다. 흡기/배기포트나 냉각수로를 설계값대로 정확하게 성형하기 위해 사람 손으로 정밀한 코어를 조립한다. 그런 다음에는 이 샌드 패키지에 알루미늄 합금 용탕을 붓는다.

샌드 패키지 윗면에서 자유낙하로 용탕을 붓는 중력주조가 아니라, 측면에서 아주 약간의 압력을 걸어 용탕을 넣어주는 초저압주조이다. 제조현장을 보면 알루미늄 용탕을 밀어 넣은 행정이 불과 50mm에 불과하고 거의 다가 중력주조이다. 용탕을 넣으면서 샌드 패키지 전체를 위아래로 한 번 반대가 되도록 회전시킴으로서, 용탕이 모래 틀 내부 구석구석까지 들어가게 해 준다.

왜 모래 틀인가. 이유는 크게 3가지를 들 수 있다. 먼저 요구되는 기계적 성능을 충실히 발휘할 수 있게 하기 위해서이다. 연소실 면이 되는 부분을 냉각성이 뛰어난 금형 베이스 플레이트로 만들고, 이 부분은 금속의 표면냉각효과를 이용해 알루미늄 조직을 치밀하게 한다. 그 이외의 부분은 모래 틀만이 가능한 표면으로 마무리한다. 냉각수로나 포트 부분은 금형으로만 주조해서는 불가능할 만큼의 얇은 두께, 기계로 가공하지 않으면 실현할 수 없는 수준의 얇은 두께로 만든다.

두 번째는 항상 동일한 조건으로 주조하기 위해서이다. 모래 틀이나 금속금형으로 된 베이스 플레이트도 관리된 상온에서 사용하기 때문에 알루미늄 조직 내의 기포나 누설에 대한 위험이 매우 적다. 상상하기 어려울지도 모르지만 보온효과가 있는 모래 틀 안에 용탕을 부으면 응고되기 전에 구석구석까지 용탕이 도달한다. 금형 같으면 용탕의 열을 급속하게 빼앗기 때문에 기포가 쉽게 발생한다. 일본의 제조기술은 이런 것을 극복한 상태이지만, 그래도 아직까지는 모래 틀을 사용하는 장점이 있다.

세 번 째는 위 2가지 실현을 바탕으로 한 성형 사이클 시간 단축이다.

사형(모래틀)주조용 「코어」

흡기포트 내부의 형상을 만드는 코어. 각 기통마다 2개의 포트가 있어서, 이것을 보고서야 비로소 실제 흡기포트 형상을 알 수 있었다. 스트레스 없이 외기를 유도하는 스트레이트 포트와 텀블흐름을 중시 한 트위스트 포트를 조합한 것이다.

흡기포트용 코어 아래에 숨어 있는 것이 연소실 주변을 냉각시키는 수로. 아래쪽이 연소실이고, 수로단면이 세로로 길다는 것을 알 수 있다. 앞쪽은 배기매니폴드 상의 냉각통로로서, 넓은 면적에 물을 흘리는 형상이다.

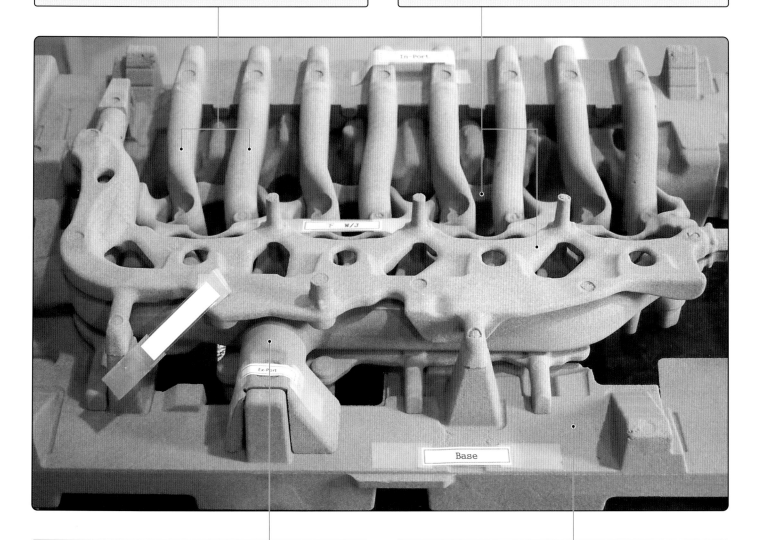

배기포트가 한 곳으로 모아지면서 이 코어가 스카이액티브 디젤용임을 알 수 있다. 차량탑재 상태에서는 4기통분이 집합한 지점에서 아래쪽을 향해 배기가 터보차저로 유도된다. 여기까지 헤드내장이다.

샌드 패키지의 외벽과 코어를 얹어놓은 베이스 모래틀. 연소실을 향해서 배기포트쪽 수로인 코어가 보인다. 이 베이스 아래에 연소실을 형성하는 금형이 있다. 코어를 만진다고 해서 으스러지는 것이 아니라 상상 이상으로 단단하다.

실린더 헤드의 주조 과정

실린더 헤드의 원재료인 알루미늄 합금 덩어리 (ingot). 미량의 첨가물이 균일하게 섞인 양질의 주조소재이다. 엔진공장 부지 내에 상당한 양의 재고가 있었다.

알루미늄 합금 덩어리를 용광로에 넣고 녹여서 주조용 쇳물을 만든다. 강에 비하면 알루미늄 용해 온도가 더 낮기는 하지만, 촬영을 위해 용광로의 문을 열어주었는데 옆에 서 있을 수 없을 정도로 열이 방출되었다.

운반되는 샌드 패키지. 금형에 비하면 매우 섬세하기 때문에 운반용 컨베이어의 가속도를 일정 이하로 규제하는 한편, 진동계를 사용해 정기적으로 계측한다.

히로시마의 본사에 있는 실린더 헤드 주조공장. 「녹여낸 금속을 틀에 붓기」라고 하면 어두침침하고 수증기가 가득한 무더운 현장을 상상하는 사람도 있을 것이다. 실제로는 많은 공정이 기계화되어 있어서 무더운 것은 알루미늄을 녹이는 용광로 주변 정도이다. 틀이 되기 전의 모래를 만져보았더니 약간 습한 감촉이 느껴졌다. 모래 틀은 전통적으로 유럽에서 진화한 기술이지만 양산차량 엔진에 널리 적용하고 있는 자동차 메이커는 극히 드물다.

모래틀은 부분별로 성형된다. 태워서 굳히는 것이 아니라 접착제대신에 2액성 경화수지를 사용해 굳힌다. 셸 몰딩 같이 가열하지 않기 때문에 치수정밀도가 높다.

완성된 모래틀을 바닥 판 위에 순서대로 겹쳐놓는 작업은 사람 손으로 한다. 하나하나를 눈으로 확인하면서 신속하게 배치해 샌드 패키지를 만든다. 최종적으로는 내시경을 넣어 내부 상태를 확인한다.

금형제품의 바닥 판은 4기통분이 하나이다. 둥근 부분은 흡/배기 밸브의 구멍. 압축비를 공략하는 엔진인 만큼 연소실 용적이 설계값을 정확하게 지켜야 하고, 여기만큼은 모래와 금형으로 이루어진 하이브리드 금형이다.

LPD의 경우는 실린더 헤드를 성형하는데 7분 정도의 시간이 소요되지만 마쯔다는 용탕충전과 응고냉각 공정을 분리한 코스워스 주조법으로, 모래 틀에 용탕만 넣는 것만 간주하면 약 1분이다.

마쯔다는 포드와 자본을 제휴했던 관계를 바탕으로 코스워스의 실린더 블록을 만든 경험이 있다. 15년 정도 전의 일로서, 이때 상온 모래틀을 사용하는 경험을 쌓았다. 모래틀 주조에서는 「실린더 헤드를 제대로 만들 수 있을 때 한 사람 몫을 한다」고 이야기하지만, 마쯔다는 코스워스 엔진을 제조하면서 이것을 배웠다. 그런 경험이 스카이 엑티브 엔진을 제조할 때 도움이 되었던 것이다.

가장 어려운 것은 모래틀에 용탕을 부운 다음의 냉각이다. 냉각 풀에 푹 담그는 방법으로는 모래틀 내의 온도가 균일하게 내려가지 않는다. 마쯔다 현장에서는 「실제로 계측해 보면 열이 빠져나가는 것은 표면 일부이

고, 빨리 식는 부위와 천천히 식는 부위의 온도변화 시간이 상당히 다르다」고 한다. 이 때문에 마쯔다는 샌드 패키지를 냉각실에 넣고 물을 뿌림으로서, 온도변화를 엄격하게 관리하면서 식히는 방법을 채택했다.

먼저 샌드 패키지 위에서 샤워시키듯이 물을 뿌린 다음, (2분 정도 지나서) 아랫면의 금속 베이스에 밑에서 물을 뿌린다. 이 시간차이가 중요한 것 같다. 그 다음에 균일하게 식도록 제어한 순서대로 계속해서 샤워를 해 주면서 5~6분 동안 강제로 냉각시킨다. 냉각 후에는 냉각실에서 샌드 패키지를 빼내 자연적으로 방열시킨다. 약 2시간 동안 방치해 놓으면 20~30℃가 떨어진다고 한다. 「이러면 성형시간은 짧지만 후공정이 길어지지 않을까」하고 생각했지만, 「LPD에서도 응고·냉각 시간이 필요하기 때문에 전체적으로는 시간이 단축된다」는 말을 듣고서야 납득했다.

냉각시킨 다음에 모래틀을 부수어 주물을 끄집어낸다. 샌드 패키지를

쭉 늘어선 샤워실. 용탕을 부은 샌드 패키지를 물과 공기를 혼합한 샤워로 서서히 식힌다. 물 양과 샤워 시간 양쪽으로 틀의 냉각방법을 제어한다. 샤워 노즐은 특수한 것을 사용한다.

기계가공을 할 수 있을 만큼 샌드 패키지를 식혔으면 모래 틀을 부수어 주물을 꺼낸다. 이 작업도 밀폐된 방에서 자동으로 이루어진다. 털어낸 모래는 불에 쬐어 수지성분을 증발시키는 식으로, 몇 번이고 다시 사용한다.

모래틀에서 꺼낸 주물을 기계로 가공해 마무리한다. 거의 모든 부분이 최종 제품과 비슷한 니어 넷 셰이프(near net shape)라고 할 수 있을 정도로 마무리되는데, 틀이 모래라고는 전혀 상상되지 않는다. 그야말로 「정밀주조」가 아닐 수 없다.

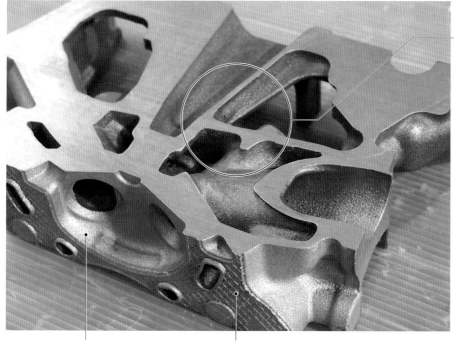

모래틀에서 꺼낸 실린더 헤드의 커트 모델. 원형 부분의 두께가 2.5mm로서, 이 정도로 얇게 할 수 있기 때문에 배기 매니폴드를 넣은 설계가 가능하다.

이후부터 연소실 부분에는 기계가공이 실시되는데, 필요한 만큼 깎아낸 다음의 용적은 설계값에 비해 아주 약간의 공차밖에 안 난다. 당연한 말이지만 흡/배기 포트 내부나 냉각수로 모두 설계형상으로 성형되어 있다.

이 모양이 새겨진 면은 금속제품 베이스 플레이트가 접속했던 부분으로, 실린더 블록과 접합하는 면이다. 이 부분도 고정확도로 기계가공된 다음, 개스킷을 매개로 실린더 블록과 볼트로 체결된다.

실린더 블록의 마무리도 매우 깔끔하다. 실린더 라이너 주변의 수로형상이 그대로 외관으로 나타나 있어서 최대한 가볍게 하려는 의도를 엿볼 수 있다. 설계자의 속내가 느껴지는 모습이다.

14G 정도로 흔들면 모래와 모래, 모래와 알루미늄이 부딪치면서 모래가 계속해서 떨어진다. 표면에 달라붙은 모래는 초음파로 제거한다. 주조가 끝난 모래는 배소(焙燒)를 거쳐 다시 사용하며, 1회 성형으로 없어지는 것은 전체의 2% 정도라고 한다. 2액성 경화수지를 섞은 모래지만, 수지성분은 용탕이 들어가면 열을 빼앗겨 경화되기 때문에 짧은 성형시간 내에 모래 틀의 강도가 점점 높아진다고 한다. 완성된 실린더 헤드는 필요한 기계가공을 거친 다음 엔진 조립라인으로 옮겨진다.

예전에 코스워스 엔진을 만들었을 때는 모래 틀을 구워서 굳히는 셸 몰딩을 채택했었다. 튼튼한 모래 틀이 만들어지지만 열 수축을 감안해 모래 틀을 만들 필요가 있었다. 스카이 액티브 엔진용 모래 틀은 열을 주지 않기 때문에 셸 몰딩보다도 틀은 무르지만 치수정확도가 높을 뿐만 아니라 설계값과 1대1 치수로 틀을 만들 수 있다.

그리고 용탕을 부을 때 샌드 패키지 전체를 위아래 반대로 「회전」시킴으로 알루미늄 조직의 밀도는 20, 불량률은 0.5% 이하를 달성했다. 우수한 LPD라 하더라도 조직밀도는 약 60, 불량률 2%라고 하는 것을 보면 마쯔다 방식의 모래틀 주조가 얼마나 뛰어난지 알 수 있다. 무엇보다 이런 제조공정 설계는 시뮬레이션으로만 되는 것이 아니라 다양한 시행착오를 거치면서 도달한 것이다. 코스워스 주조법에 대한 경험이 있었기 때문에 「이렇게 하면 좋지 않을까?」하는 아이디어가 생각나고, 분출하는 문제점에도 대응할 수 있었다. 「계속은 힘」임을 보여주는 실린더 헤드 제조이다. 하나의 모래틀에서 엔진 하나만 만든다. 치수정확도나 알루미늄 조직에도 개체차이는 거의 없지만, 1대1이라는 간결함에는 이상하게 매력을 느낀다. 모든 것이 한 개뿐이지만, 균질한 양산품을 자랑한다. 이것이 최대 특징이다.

스바루의 조립 캠과 고정밀도 실린더 헤드

일본 자동차 메이커에서는 아직 조립식 캠축을 채택한 사례가 드물다.
스바루는 강도는 뛰어나면서도 무게는 가벼운 것을 양립시키기 위해, 강(S15C/25C) 파이프에 소결합금 프레스로 성형한
캠 로브로 구성된 조립식 캠축을, 월 4만개 이상을 자체적으로 생산한다.

본문 : 마키노 시게오 사진 : 세야 마사히로 아카이브 / 마키노 시게오

이 위치에서 캠 노즈의 정상을 향한 능선은 미세하게 한 번 들어갔다가 나오도록 성형되어 있다. 이것이 가속도 조절을 위한 커브이다. 축과 캠 로브의 접합면도 균등하고 깨끗하다. 엔진 하나 당 4개의 축은 전부 다 검사한 뒤, 4개 세트로 해서 엔진조립 라인으로 보내진다.

예전의 주력 엔진이었던 EJ형은 중간에 주철소재 캠축을 조립식으로 변경했다. 밸브 양정의 증가와 밸브 타이밍 가변화로 인해 더 뛰어난 강도가 요구되었기 때문이다. 물론 주철 캠축도 충분히 강도가 뛰어나지만, 필요한 부분에만 강도가 있으면 된다. 강도가 불필요한 부분은 과감하게 가볍게 하려고 했다. 그 때문에 두께가 얇은 중공 파이프를 축으로 하고, 소결합금 제품의 캠 로브를 압입하는 구조를 채택한 것이다. 앞쪽의 끝 부분에는 냉간단조한 엔드 피스를 마찰압접(壓接)하고, 축까지 포함해 필요한 부분에 기계가공이 이루어진다. 축의 살 두께는 저널 부분이 약 2mm로서, 이것은 주철을 깎아내는 방법으로는 불가능한 수준이다.

FB형 엔진의 밸브 양정은 11mm로서, EJ형의 10mm보다 약간 크다. 게다가 VVT는 캠 노즈가 밸브를 넘을 때 토크 변동으로 작동하는 형식이고, 캠축을 비트는 것 같은 힘이 작용한다.

그 때문에 캠 로브는 주철에 비해 약 2배의 내(耐)피칭성능을 가진 소재로 성형되어, 칠드(chilled) 캠축보다 강도를 10% 정도 높인다. 또한 로커 암 방식의 밸브구동은 1밸브 당 관성질량이 크기 때문에, 고회전 속도까지 감안하면 관성질량×회전수 계산 상 직동방식 쪽이 유리하다. 이에 대한 대책으로 캠 노즈 끝 부분을 향하는 능선의 커브가 개량되었다. 캠 로브는 정밀하게 성형되어 있어서 필름 랩핑은 되어 있지 않다. 게다가 로커 암에 달려 있는 롤러에 니들 베어링이 내장되어 있어서 마찰손실을 줄인다. 베어링이 없는 경우에 비하면 마찰손실이 완전히 다르다고 한다.

그리고 밸브 주변 설계에서 중요한 것이 밸브 스프링 선택이다. 어떤 회전속도 영역을 「가장 잘 드러나게 할 것인가」에 따라 스프링 반력 설정이 달라진다. 여기도 캠 프로파일과 관련이 있어서 FJ형 엔진에서는 고회전속도 영역에 중점을 두고 있다.

수평대향 4기통 엔진의 캠축은 짧은 편이지만 DOHC에서는 합계 4개가 들어간다. 실린더 헤드 쪽의 밸브 트레인 조립은 밸브와 그 주변에서 이루어진다. 양쪽 뱅크의 특성을 합치기 위한 공차가 제조에 있어서의 주안점이다.

밸브 간극은 심을 사용해 조절한다. 캐리어에 캠축을 얹어 간극을 조정하고, 다시 풀어서 심을 넣는 식으로 작업한다. 심 종류는 60종류나 되지만, 현재의 공차는 0.1mm 이하로 줄어들었다.

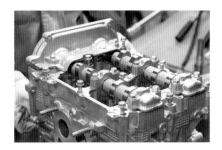

심을 넣고 최종적으로 캠 캐리어로 고정시킨 상태. 롤러 로커 암의 레버비율이 있기 때문에 심은 ×1.5 정도로 조절하게 된다. 아마도 2㎛ 공차로 60개가 준비되어 있지 않을까 한다. 이 점은 비밀이라고 한다.

성형과 용착, 가공으로 완성하다.

캠축 쪽을 회전시켜 그 발열량이 소재의 변태점을 넘는 시점에서 엔드 피스와 축 양쪽의 조직경계가 완전히 서로 뒤섞이는 접합방법이다. 마찰교반용접과 비슷하다. 사진에서 보듯이 작업 중인 소재는 새빨갛게 달아오른다.

캠축의 저널 부분을 깎는 절삭기계는 날을 고정해 축의 비틀림에 의한 절삭반력이 발생하지 않도록 관리된다. 가공을 끝마친 축은 그야말로 매끈해졌다. 스바루 엔진은 기계가공이 많아 품이 많이 든다.

포트분사방식과 실린더 내 분사방식의 실린더 헤드는 어떻게 다른가

가솔린엔진의 주류는 포트분사=PFI에서 실린더 내 분사=DI로 흐름이 바뀌고 있다.
도요타는 PFI와 DI, 심지어는 양쪽을 병행하는 D4S같은 독자적인 시스템과 하이브리드(HEV)용 PFI엔진을 갖고 있다.
과연 실린더 헤드의 설계는 각각 어떤 특징을 갖고 있을까.

본문&사진 : 마키노 시게오 그림 : 도요타

2ZR-FXE
for Hybrid
Electric Vehicle

점화코일이 실린더 헤드 위로 튀어 올라와 있다. 이 방식이 직사각형(안쪽)방향으로 코일을 수용하는 경우보다 코일의 온도상승을 낮출 수 있다.

헤드 주변이 커지면서 중량도 늘었기 때문에 강도를 필요로 하지 않는 부위에는 적극적으로 수지 등과 같은 경량소재를 사용하게 되었다.

VVT(가변밸브 타이밍) 장치는 이미 필수가 되었다. 작용각도=가변범위도 서서히 넓어지고 있다. 하지만 장치 자체는 결코 작지 않다.

실린더 블록 쪽의 수로는 냉각시키고 싶은 부분을 중점적으로 식힐 수 있게 되어 있다. 이것도 실린더 헤드 쪽 설계를 공략한 결과이다.

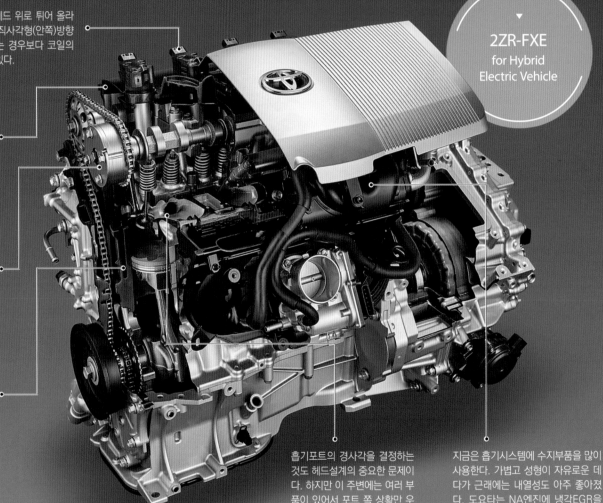

흡기포트의 경사각을 결정하는 것도 헤드설계의 중요한 문제이다. 하지만 이 주변에는 여러 부품이 있어서 포트 쪽 상황만 우선할 수는 없다.

지금은 흡기시스템에 수지부품을 많이 사용한다. 가볍고 성형이 자유로운 데다가 근래에는 내열성도 아주 좋아졌다. 도요타는 NA엔진에 냉각EGR을 적극적으로 이용하고 있다.

야마가타 미츠마사

도요타자동차 유닛센터 엔진 설계부 제1기반기술 설계실장

무라세 에이지

도요타자동차 유닛센터 엔진 제어 시스템개발부 엔진제어 시스템요소 설계실 그룹장

연소실의 반은 피스톤 쪽, 또 다른 반은 실린더 헤드 쪽이다. 요즘의 자동차엔진은 까다로운 배출가스규제와 연비개선에 대한 요구(CO$_2$ 배출억제) 때문에 연소 자체를 엄격하게 설계하고 있다. 때문에 당연히 연소실의 반을 차지하는 실린더 헤드에도 여러 가지 설계요건을 투입한다.

그렇다면 세계최대규모의 자동차 메이커인 도요타는 실린더 헤드를 어떻게 설계하고 있을까. 세계 각 나라별로 다양한 상품을 제공하는 거대자동차 메이커인 도요타는 어떤 개념으로 실린더 헤드를 설계할까. 이에 대한 궁금증 때문에 도요타시 본사를 찾아가 보았다.

「흡기포트 안으로 연료를 분사하는 포트분사와 실린더 안으로 연료를 직접 분사하는 직접분사를 비교는 해도 우리는 실린더 헤드의 디자인(설계)은 바꾸지 않습니다. 예전에는 바꾸었었죠. D4 시스템을 처음 출시했을 때는 흡기에 회전류(스월)를 주는 헬리컬 포트였습니다. 다음 세대에서는 직선 포트와 컨트롤 밸브의 조합으로 바뀌었죠. 포트분사와 직접분사를 병행하는 현재의 D4S는 직선 포트입니다. 포트와 연료 인젝터의 관계는 시간이 지나면서 새로운 것이 드러납니다. 도요타 엔진에서 직접분사와 포트분사를 비교하면 피스톤 크라운 면의 형상이 다르지만, 기본적인 헤드 디자인 개념은 다르지 않습니다.」

도요타의 연소실 설계 개념은 「빠른 연소」라고 말한다. 공기를 빨아들이고, 그것도 가능한 많이 빨아들여 최적의 타이밍 점화로 단숨에 연소시킴으로서 피스톤을 내려미는 힘으로 바꾼다. 이 기본은 HEV(하이브리드 자동차)용 엔진도 마찬가지라고 한다.

「텀블(수직 와류)를 강하게 하는 설계입니다. 강한 텀블을 흡기에 가해 압축행정 최종단계에서도 선회류를 유지시키고, 연소행정에서는 점화플러그의 불꽃이 퍼지는 부분에 많은 혼합기를 통과시킴으로서 빠르게 연소시키는 것이죠. 이 개념은 직접분사이든 포트분사이든 똑같습니다.」

예전 레이싱 엔진에서는 흡기량을 확보하면서 강한 텀블류(流)를 얻기 위해 흡기포트를 세웠었다. 하지만 지금의 도요타 엔진은 어느 쪽이냐면 흡기포트가 누워있는 것처럼 생각된다.

「엔진 전체 높이를 낮추기 위해 흡기포트를 눕힐 수밖에 없었습니다. VVT같은 가변밸브 시스템도 넣어야 하기 때문에 점점 엔진 높이가 높아지는 경향도 있었지만, 한편으로 보행자 보호요건도 있어서 엔진 높이를 가능한 억제해야 합니다. 차량 탑재성 측면에서 흡기포트를 눕히지 않으면 안 되었던 것이죠. 그런데 막상 흡기포트를 눕혀서 실험해 보았더니 나쁜 것만 있는 것이 아니었던 겁니다.」

야마가타씨와 무라세씨는 도면으로 설명해 주었다.

「텀블류를 강하게 해 연소속도를 올리기 위해서는 흡기포트 쪽의 실린더 내벽 방향으로 흡기를 흘리지 않는 것이 좋습니다. 배기포트 방향으로 적극적으로 흡기를 보내는 것이 좋죠. 그래서 흡기포트 출구를, 기류를 박리시키는 형상으로 하고 있습니다. 포트를 세우면 흡기가 밸브에 부딪쳐 나누어지게 돼서 선회류(旋回流)가 강해지는 겁니다.」

유럽의 최신과급 엔진도 비슷한 경향이다. 도요타는 「가솔린 엔진은 스월(가로방향 와류)은 사용하지 않습니다.」라고 단호히 말한다. 「흡기포트의 각도와 기류, 또한 인젝터의 분무형상을 최적화하기 위해 선택한 것이 지금의 연소실 구조입니다.」라고.

여기에 도달할 때까지는 여러 시행착오가 있었을 것이다. 엔진을 가로로 배치하는 FF차에서는 엔진을 기울이는 데도 한계가 있기 때문에 어쨌든 엔진높이를 낮추어야 한다. 차량 탑재성까지도 고려한 배치이다.

2ZR-FXE 의
실린더 헤드

4세대 프리우스에 탑재되는 이 엔진은 90년대 후반에 설계가 시작된 HEV용 엔진의 최신 모습이다. 직렬4기통 DOHC, 내경 80.5×행정 88.3mm나 되는 장행정 설계에 압축비는 13.1까지 공략하고 있다. 최고출력 72kW/5200rpm, 최대토크 142Nm/3600rpm, 최대 열효율은 40%나 된다. 좌측 페이지의 컷 모델에서도 알 수 있듯이 전동모터와 변속장치까지 조합한 파워 모듈이다.

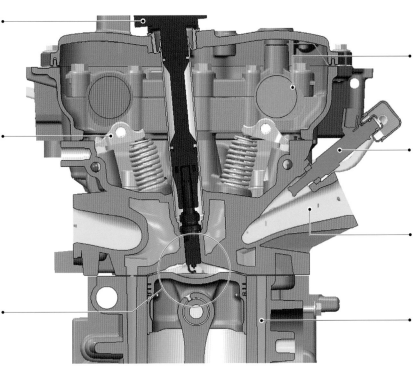

점화플러그~익스텐션~코일이 일직선상으로 배치되면서 구조상 흡기포트 쪽으로 약간 기울어진 배치이다.

밸브 작동은 직동식이 아니라 롤러 핑거 팔로워를 매개로 하기 때문에 래시 어저스터가 사용된다. 이 작은 부품을 어디에 배치하느냐는 것도 설계단계에서는 고민거리라고 한다.

피스톤 크라운 면이 오목한 이유는 TDC 부근에서도 어느 정도의 연소실 높이를 유지함으로서 텀블류를 망가뜨리지 않기 위해서이다. 피스톤 외주의 스퀴시 부분은 퀜치(quench)를 만들지 못하도록 비스듬하게 했다.

롤러 핑거 팔로워의 레버비율로 밸브 양정의 양을 별 수 있기 때문에, 캠 로브 단면이 그림처럼 완만한 형상을 하고 있다. 예전의 고성능 엔진처럼 뾰족한 노즈가 아니다.

포트분사 인젝터는 점화플러그의 갭 부분을 겨냥하듯이 배치되어 있다. 작게 만들었다고는 하지만 인젝터 크기는 어느 의미에서 헤드설계를 가장 크게 규제하는 요소이기도 하다.

흡기포트(노란색 부분)은 「끝이 좁은」 형상인 직선 포트이다. 연소실로 들어가기 직전에 완만한 커브를 그리지만, 이 그림에서는 나타나 있지 않다. 엷은 청색 부분은 냉각수 통로이다.

아이들링 전에 히터를 사용할 수 있도록 냉각수 통로가 엔진본체와 히터/배기열 회수기 사이에서 분리해 엔진 쪽에는 EGR쿨러를 배치했다. 실린더 벽면의 통로 내에는 스페이서를 넣어 유속을 개선시켰다.

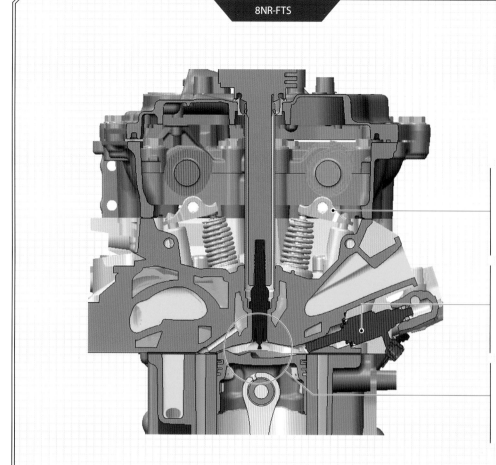

포트 분사용 인젝터(8NRFTS는 직접분사이기 때문에 장착되지 않는다). 앞 페이지의 하이브리드용 2ZRFXE와 비교하면 인젝터 각도와 위치가 미세하게 다르다. 분사구멍은 헤드볼트 부근에 있다.

통상적으로 롤러 핑거 팔로워의 방향은 점화플러그를 중심으로 대칭이지만, D4S에서는 포트분사용 인젝터를 피하기 위해 래시 어저스터가 흡기 쪽만 점화플러그 쪽에 있다. 캠축과 연소실의 위치관계도 미세하게 다르다.

직접분사 인젝터의 체적은 헤드설계를 세밀하게 하는데 있어서 간과할 수 없는 요소이다. 「좀 더 눕히고 싶다」든가 「좀 더 세우고 싶다」든가 하는 연소 쪽의 요구도 전체적인 배치구조 속에서 인내를 강요당하는 경우도 있다.

도요타의 직접분사 시스템 엔진은 피스톤의 크라운 면이 돌출된 형상을 하고 있다. 엔진이 냉각된 상태에서 시동을 걸었을 때 아이들링이 끝나는 동안에 PM배출량이 증가하지 않도록 기류를 제어하기 위해서이다.

「가장 중요한 건 텀블의 유속입니다. HEV용 엔진도 마찬가지이죠. 고부하 영역 이외에서는 기본적으로 EGR(배기가스 재순환)로 연비를 절약하지만, 베이스 엔진의 연소속도를 얼마만큼 올릴 수 있느냐에 따라 EGR 투입율이 결정됩니다. 때문에 플러그 주변의 유속에 공을 들이는 것이죠. 연소실 설계는 여기가 기본이다.」

신형 프리우스에서는 EGR율 최대 25%라고 한다. 터보엔진에서는 EGR을 사용하지 않지만, 로&하이 EGR을 사용할지 어떨지를 포함해 논의 중이다. 그리고 엔진 도면을 보면 점화플러그의 돌출양이 도요타는 전체적으로 크다. 플러그 돌출이 크면 플러그 주변의 유속에 영향주지 않을까 하는 생각이 든다.

「분명히 플러그 끝이 방해를 해서 유속이 떨어지는 경우가 있습니다. 그 때문에 타사에서는 플러그를 당겨서 설치하는 설계도 있습니다. 하지만 실제로 여러 가지로 계측해 보면 기류에 의해 점화플러그의 방전 불꽃을 흐르게 함으로서 EGR을 도입할 때의 연소약화를 억제할 수 있을 뿐만 아니라, 연비개선효과가 있습니다. 그래서 점화플러그 전극 갭 사이의 기류 속도가 가능한 느려지지 않도록 점화 에너지양과의 균형을 살펴가면서 중심점을 찾습니다. 프리우스에서는 엔진을 조립할 때 플러그 갭이 반드시 흡기포트 방향을 향하도록 각도를 제어하고 있죠.」

도요타의 최신엔진을 관찰해 보면 점화플러그가 약간 기울어져서 연소실로 들어가, 밸브구동 시스템이나 냉각수 통로의 공간을 확보하고 있다는 것을 알 수 있다. 게다가 엔진마다 흡기밸브 쪽의 래시 어저스터 위치가 다르다거나, 연소에 따라 설계를 공략하고 있다.

도요타는 HEV용 엔진에서 다른 메이커들보다 앞서서 고압축비와 고속연소라고 하는 개념을 추진했었는데, 지금은 모든 엔진에서 이것을 철저히 적용하고 있다는 것을 알 수 있다.

「그렇습니다. 도요타의 전략은 고속연소와 고압축비입니다. 이를 위해 애트킨슨 사이클을 사용하거나 동작각도가 큰 VVT를 사용하는 식으로, 엔진마다 비용과 성능의 균형을 맞춰가면서 이 두 가지 주제를 생각하고 있습니다.」

그렇다는 말은 직접분사냐 포트분사냐 또는 겸용하는 D4S를 적용하느냐는 선택도 선택지 가운데 하나에 지나지 않는다는 것일까.

「그렇습니다. HEV용 엔진과 무과급엔진, 과급엔진을 전혀 별개로 설계하지는 않습니다. 성능이나 강도에 대한 요구가 다소 달라도 구조로서는 공통입니다. 연소의 본질을 충분히 감안해 이점은 바꾸지 않는 것이죠. 연료분사방법도 어차피 도구일 뿐입니다. 어떤 연소로 만들 것인지, 그에 따라 수단을 바꾸는 것이죠. 필요한 공기량과 최적으로 연소시키기 위한 혼합기를 어떻게 실현하느냐가 중요한 겁니다.」

비용측면에서 보면 근래의 엔진은 아래쪽(엔진블록)보다 위쪽(실린더헤드)에 중점을 두고 있다. 배기가스와 연비를 감안하면 연소를 제어하는 부분에 비용을 들여야 한다는 의미일까.

「아래쪽에서 대응해야 할 것도 많습니다. 특히나 냉각이 그렇죠. 텀블류가 강해짐으로서 흡기가 실린더 내벽으로부터 열을 받아들여 온도가 상승하면서 노킹을 일으키는 현상을 무시할 수 없게 되었습니다. 그래서 블록 쪽 벽면온도를 낮출 필요가 있었죠. 헤드 쪽을 공략한 결과, 블록 쪽 냉각이 점점 중요해졌습니다.」

맞다. 최근의 엔진은 냉각계통이 복잡해졌다. 예전에는 극단적으로 말

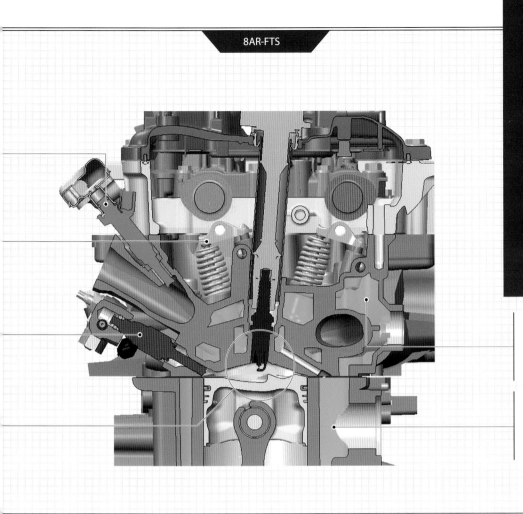

D4S
를 위한 헤드 설계

직접분사와 포트분사의 병행은 도요타가 가장 먼저 시도한 방법으로, 근래에는 아우디가 채택하고 있다. 기통 당 2개의 인젝터를 갖기 때문에 실린더 헤드의 설계는 「장소 쟁탈전」이 된다. 직접분사만 있는 8NRFTS와 헤드설계를 비교하면, 점화플러그 각도나 밸브구동 시스템에 차이가 있다는 것을 알 수 있다. 피스톤 크라운 면의 형상의 경우 직접분사 시스템은 기본적으로 똑같다. 2.0리터 터보에서 최고출력 175kW를 얻는 소형 고출력 엔진이다.

헤드 쪽 냉각수 통로의 설계는 「빠른 유속으로 단번에 식힌다」는 것이 개념이다. 특히 과급엔진은 노킹을 피하기 위한 냉각이 필요하다. 베기포트 주변은 강도설계상 아무래도 냉각시키고 싶은 곳을 중점적으로 식힌다.

단면위치 관계상 이 부분의 냉각수 통로가 상당히 넓지만 이것은 부분적이다. 텀블류를 강하게 한 결과, 실린더 벽면의 온도로 흡기가 따뜻해지게 되고 이것을 방지하기 위해 블록 쪽 냉각도 개선하였다.

하면 「냉각수 통로 전체에 물이 돌면 된다」는 식의 냉각시스템이었다면, 지금은 실린더 헤드와 실린더 블록의 냉각수 순환경로를 분리하거나 엔진과 히터계통을 별도의 계통으로 만드는 식의 아이디어가 적용되었다. 헤드 쪽 수로도 흡기밸브와 배기밸브에서 각각 최적의 「냉각방법」을 연구하고 있다. 또 하나, 갑자기 현실적으로 대두되고 있는 RDE(Real Driving Emission)에 대한 대응이다. 유럽에서 도입되었을 경우 엔진은 어떻게 대응할 것인가.

「엔진의 연소 자체를 바꿔야 할 만큼 충격이 있을지도 모릅니다. 현재

의 엔진으로 개별적으로 대응해 나가기에는 한계가 있습니다. 현재 우리가 추진하고 있는 TNGA(Toyota New Global Architecture)는 기본 엔진의 시스템 견고성을 높이고, 지역별로 신속하게 최적의 엔진을 공급할 수 있도록 하는 것이 목표입니다. 제어프로그램은 덧셈과 뺄셈에 대응할 수 있도록 구축하고 있습니다. 2014년에 투입한 8NR엔진부터 이런 제어를 적용했죠. TNGA는 연소모듈을 공통화하고, 외부적으로는 탑재요건이나 시대의 진화에 맞춰 그때마다 대응하겠다는 개념입니다. 우선은 TNGA화로 대응하게 됩니다.」

상 태	연료분사 패턴		얻을 수 있는 장점
냉간시동		포트분사	스모크 저감 포트분사를 통해 균일한 혼합기를 생성하기 때문에 PM배출 총량을 억제할 수 있다.
촉매활성시		포트분사 실린더내분사	배출가스 억제 포트분사를 통한 혼합기 생성으로 HC를 억제하며, 실린더 내 분사를 통해 점화플러그 부근에 진한 혼합기를 생성시킴으로서 삼원촉매를 조기에 활성화시킬 수 있다.
냉간운전시		포트분사 실린더내분사	PM배출 개수의 저감 실린더 내로 직접분사되는 연료비율을 적정화해 실린더 벽면에 연료가 부착되는 것을 방지함으로서 PM발생 개수를 저감할 수 있다.

상 태	연료분사 패턴		얻을 수 있는 장점
아이들링(단기완료)		포트분사	연료분사 소음의 저감 실린더 내로 직접분사하는 인젝터보다 조용한 포트분사 인젝터를 사용할 수 있다.
통상운전		포트분사 실린더내분사	연비향상 실린더 내 분사와 포트분사를 병행함으로서 혼합기를 최적화하는 동시에 실린더 내에 강한 텀블을 발생시킴으로서 빠른 연소가 가능.

D4S 시스템에 의한 연료분사 제어

직접분사와 포트분사를 매우 세밀하게 구분해서 사용한다. 필요한 공기량과 분사시기는 스로틀 개도 등을 통해 계산하지만, 최대한 운전자의 심경변화에 쫓아갈 수 있도록 계산하고 있다. 통상 적인 운전 같은 경우는 직접분사를 사용하는 비율이 전체의 50% 이하이고, 아이들링은 100% 포트 분사이다. 직접분사는 부하에 맞게 사용하는데, 저부하 영역에서는 냉간시동 직후의 촉매활성 화에 이용한다.

독일 전문기업으로, 예전에 크루프강(鋼)으로 불렸던 양질의 철강소재로 세상에 이름을 알린 티센크루프는 현재 자동차 분야에서 폭넓게 활약하고 있다. 소재 외에는 산업용 솔루션, 엘리베이터 사업과 더불어 자동차가 사업의 주요 기둥이다. 스티어링 기구, 서스펜션 모듈, 크랭크축, 베어링, 캠축 등 취급하는 품목이 많다. 덧붙이자면 댐퍼로 유명한 빌스타인이 현재 티센크루프 산하에 있다.

티센크루프가 엔진의 캠축을 조립식으로 만드는 연구에 착수한 것은 90년대 초 무렵이었다. 가장 먼저 이 제품을 사용한 곳은 유럽 포드이지만, 현재는 많은 자동차 메이커에 납품하고 있다.
「Presta(프레스타)」로 이름 붙여진 조립식 캠축을 사용하는 엔진은 BMW의 1.6리터 직렬4기통, VW의 1.2리터 직렬4기통, 아우디의 3.0리터 V6 같이 유럽의 양산엔진부터 북미 포드의 OHV 5.0리터 V8,

Illustration Feature
CYLINDER HEAD TECHNICAL DETAILS

DETAILS
CYLINDER HEAD

2

캠축을 『조립』하는 이유와 장점

캠축 제조라고 하면 전에는 2개의 둥근 봉을 깎아내는 방법밖에 없었다.
현재는 뛰어난 정밀도와 경량화를 위한 「조립」이 가능해지면서 이 방법이 서서히 확산되고 있다.
독일의 티센크루프가 만들고 있는 조립식 캠의 기술적 특징을 살펴보았다.

본문&사진 : 마키노 시게오 그림 : BMW / 티센크루프 / 폭스바겐

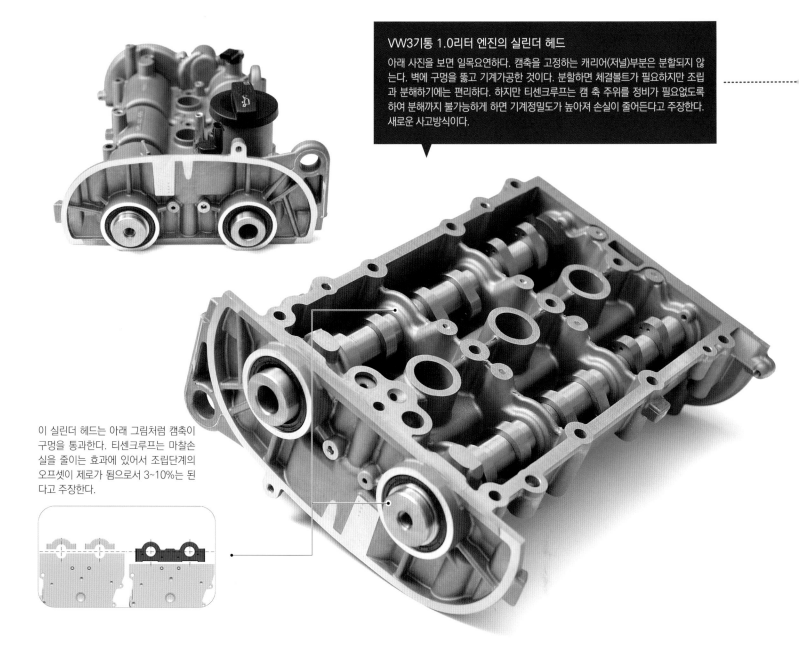

VW3기통 1.0리터 엔진의 실린더 헤드
아래 사진을 보면 일목요연하다. 캠축을 고정하는 캐리어(저널)부분은 분할되지 않는다. 벽에 구멍을 뚫고 기계가공한 것이다. 분할하면 체결볼트가 필요하지만 조립과 분해하기에는 편리하다. 하지만 티센크루프는 캠 축 주위를 정비가 필요없도록 하여 분해까지 불가능하게 하면 기계정밀도가 높아져 손실이 줄어든다고 주장한다. 새로운 사고방식이다.

이 실린더 헤드는 아래 그림처럼 캠축이 구멍을 통과한다. 티센크루프는 마찰손실을 줄이는 효과에 있어서 조립단계의 오프셋이 제로가 됨으로서 3~10%는 된다고 주장한다.

티센크루프의 「Presta」 기술

조립방법을 한 눈에 파악할 수 있는 그림. 가열된 캠 로브에 차가운 축을 끼워 순서대로 고정한다. 통상은 축을 직립시킨 상태에서 캠 로브를 하나씩 고정해 나가지만, 아래의 VW엔진에서는 캠 로브를 늘어놓고 한 번에 축을 관통시키는 방법으로 한다. 제조방법이 주문에 따라 다르다는 것이다. 현재 티센크루프가 수주하고 있는 조립 캠축에서 가장 긴 것은 대형디젤용으로, 충분히 1m를 넘는다.

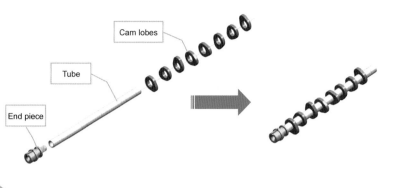

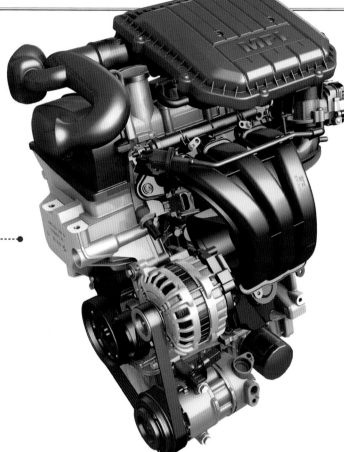

한 번 조립한 캠축을 샘플용으로 분해한 것. 잘 보면 축 둘레에 가로세로로 맞물리도록 되어 있는 것을 확인할 수 있다. 축 직경보다 아주 약간 높은 산을 가진 홈에 캠 로브 쪽의 스플라인이 끼이면서 생긴 모양이다. 「분해하는 일이 쉽지 않다」고 한다.

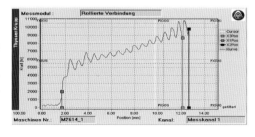

캠 로브에 축을 끼울 때의 힘(저항)은 이 그래프와 같다. 그래프의 굴곡 하나하나가 축 상에 있는 산(山)을 캠 로브가 넘을 때의 모습이다. 이 압입은 컴퓨터가 관리한다.

상단좌측 그림이 캠 로브. 캠 로브 안쪽에 스플라인이 파여 있다. 상단우측 그림은 캠 축로서, 원주방향의 홈에 너얼링 가공이 되어 있다. 이것을 하나씩 결합하느냐 아니면 한 번에 결합하느냐는 「어떤 제품으로 만드느냐」에 따라 달라진다. 하단우측 그림이 VW의 실린더 헤드 제조를 보여주는 그림으로, 청색 축을 실린더 헤드 구멍으로 끼워서 캠 로브를 통과하는 모습을 알 수 있다. 초기 설비투자는 상당한 비용이 발생하지만, 설비 자체는 범용성이 있어서 캠 노즈 형상을 변경하려면 지그만 있으면 대응할 수 있다고 한다.

고급차량인 애스턴 마틴의 5.9리터 V12, 그리고 MAN의 대형차량용 12.8리터 직렬6기통 디젤 등, 매우 다채롭다. 또한 BMW의 독자적인 가변밸브 기구인 밸브트로닉에서는 요동 캠의 위상을 바꾸는 컨트롤 축과 캠축 양쪽이 조립식이다.

왜 조립식일까. 가장 큰 이유는 가볍기 때문일 것이다. 중공 파이프에 캠 로브나 스프로킷을 결합시키면 일반 철강 파이프를 깎을 때보다 무게를 줄일 수 있다. 티센크루프는 원래 철강기업으로, 오랜 세월에 걸쳐 용도에 맞는 소재와 가공방법을 개발해 왔다. 일반 철강 캠축에 드릴로 구멍을 뚫어 가볍게 하는 방법은 예전에도 있어 왔지만, 긴 봉에다가 구멍을 똑바로 뚫는 것은 매우 어려운 작업이다. 게다가 기계가공은 비용도 들어간다. 조립식이라는 해법은 지금 세상에 존재하는 동종의 캠축을 봐도 필연적인 해법이다.

BMW 밸브트로닉 메커니즘

컨트롤 축에는 요동 캠의 위상을 바꾸기 위한 캠이 장착되어 있다. 축 끝에는 반원 형상의 기어가 있다. 이것들은 모두 Presta방식의 가로세로 홈 결합 방식으로 결합된다. 밸브트로닉의 실용화는 01년이었지만, 95년에 티센크루프가 포드에 조립 캠을 공급하기 시작한 시점에서 BMW가 이 방식에 주목했을지도 모른다. 그 후에 BMW는 많은 엔진에 조립 캠을 사용하고 있다.

실제 실린더 헤드에 위 사진의 컨트롤 축를 결합한 상태. 밸브를 구동하는 캠축은 플러그 구멍 좌측에 있는 캐리어(사진 상으로는 반만 보인다)에 장착된다. 밸브 트레인 전체적으로는 크기가 크다.

엔진에 장착한 밸브트로닉 장치. 흡기밸브 주면의 부품 개수가 많이 늘어나지만, 이 기구로 인해 스로틀 밸브가 하던 공기 조절로부터 가솔린엔진이 해방되었다. 덧붙이자면 밸브 타이밍 가변기구는 아이신 정밀기기의 VVT를 사용한다.

티센크루프의 조립식 캠축은 제조공정이 특징적이다. 축 쪽에는 원주방향, 즉 캠 로브 등과 같이 축에 연결하는 부품에는 축(긴 쪽) 방향의 홈을 각각 가공해 직각으로 교차하는 횡축의 홈을 맞물리게 해서 고정한다. 이 공정은 소재 투입부터 캠축 완성까지 사람의 손길이 필요 없이 전자동으로 이루어진다.

제조는 축을 세운 상태에서 한다. 거기에 캠을 하나씩 연결해 나간다. 직립한 축에 양쪽에서 원방형태의 절삭공구를 대서 원주방향으로 홈(너얼링)을 판다. 한편 축을 지지하는 기계 바로 밑으로 원형 터릿(turret) 선반이 있는데, 거기에는 캠 로브가 하나씩 세팅되어 있다. 캠 로브 쪽에는 미리 스플라인(축 방향의 홈)이 가공되어 있으며, 거대한 회전식 권총 같은 터릿 위로 늘어선 지그에 세팅되어 있다.

이 지그는 히터를 내장하고 있어서 캠 로브를 열팽창시킨다. 축 쪽은 너얼링 가공을 할 때마다 액체질소로 냉각시키기 때문에 캠 로브는 팽창하고 캠축은 수축하게 된다. 옆으로 길게 누운 캠 로브에 위에서 축을 끼울 때는 아주 약간의 간격밖에 없지만 정확하게만 맞추면 크게 힘을 주지 않아도 캠 로브가 축을 통과한다. 위치를 결정한 다음에는 캠 로브 쪽의 열이 냉각된 축에 빼앗기는 단계에서 세로 홈과 가로 함이 맞물리면서 단단히 고정된다.

이것을 하나하나의 캠 로브에 작업해야만 캠축이 완성된다. 엔드 피스나 스프로킷 등과 같은 필요한 부품이 연결된다. 완성된 무게는 통상적인 캠축에 비해 최대 40% 정도 가벼워진다고 한다.

또 한 가지, 티센크루프는 실린더 헤드 안에서 캠축을 조립하는 방법을 개발했다. 이미 VW이 3기통 1.0리터 엔진에 채택하고 있는 공법으로서, 매우 독특하다.

캠축을 축과 캠 로브로 나누어서 조립하는 방법 자체는 앞서 언급한 것과 똑같지만, 실린더 헤드 안의 소정의 위치에 가열된 캠 로브를 배치하고 거기에 차가워진 축을 밖에서 끼우는 것이다. 캠 로브에는 스플라인이 가공되고 있고, 축에는 너얼링(knurling) 가공이 되어 있다. 끼운 다음에 캠 로브가 소정의 각도로 세팅되도록 축을 회전시킨다. 앞 페이지의 사진에서 볼 수 있듯이 실린더 헤드 쪽의 캠 캐리어에는 분할선이 없다. 정밀도가 높은 거의 진원으로 구멍이 가공되어 있다. 거기에 축을 끼움으로서 간극이나 유격이 가장 적은, 마찰손실이 매우 적게 조립한다.

즉 목적은 밸브 트레인 부품의 경량화와 정확도를 추구하는 것이다. 티센크루프는 실린더 헤드를 주조하고 캠축을 동시에 조립하고 연결한 다음, 완성된 실린더 헤드·어셈블리로 형태로 VW에 납품한다. 티센크루프 입장에서는 실린더 헤드 모듈을 수주한 셈이다.

실린더 헤드 주변의 진화

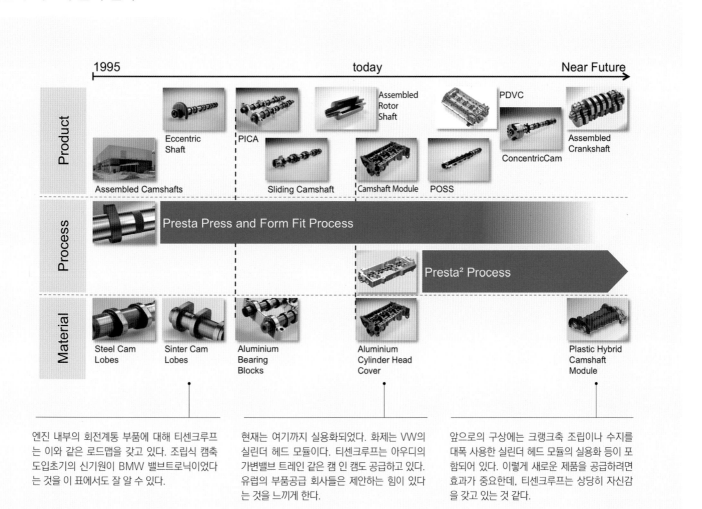

엔진 내부의 회전계통 부품에 대해 티센크루프는 이와 같은 로드맵을 갖고 있다. 조립식 캠축 도입초기의 신기원이 BMW 밸브트로닉이었다는 것을 이 표에서도 잘 알 수 있다.

현재는 여기까지 실용화되었다. 화제는 VW의 실린더 헤드 모듈이다. 티센크루프는 아우디의 가변밸브 트레인 같은 캠 인 캠도 공급하고 있다. 유럽의 부품공급 회사들은 제안하는 힘이 있다는 것을 느끼게 한다.

앞으로의 구상에는 크랭크축 조립이나 수지를 대폭 사용한 실린더 헤드 모듈의 실용화 등이 포함되어 있다. 이렇게 새로운 제품을 공급하려면 효과가 중요한데, 티센크루프는 상당히 자신감을 갖고 있는 것 같다.

현재 모든 부품·장치분야에서 종래의 「주요 종목」들이 붕괴되고 있다. 자동차 메이커는 생산설비를 안기보다 외주를 지향하고 있어서 공급업체들로부터 다양한 제안을 받는다. 자사가 잘 하는 분야를 중심으로 가능하면 타사 제품의 영역까지 진출하려고 생각하고 있다. VW은 3기통 엔진의 실린더 헤드를 모듈로 외주를 준 것이고, 그에 걸맞게 티센크루프는 고정밀도라는 장점을 제공하게 된 것이다.
엔진 내의 회전계통 부품을 조립식으로 만들려는 경향은 크랭크축에까지 미치고 있다. 티센크루프도 가볍고 부가가치가 높은 조립식 크랭크축을 개발 중이다. 어떤 식이든 자동차 메이커가 주조/단조부문과 열처리 부문에서 손을 떼려는 것 아닌가하는 생각이 들 정도로 이 방면의 개발이 빨라지고 있다.

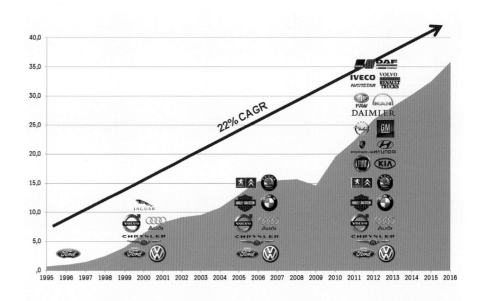

티센크루프의 조립식 캠축을 사용하고 있는 자동차는 메이커는 위 그래프와 같이 서서히 늘어나고 있다. 스바루(후지중공업) 같이 조립식 캠을 직접 만드는 자동차 메이커까지 있다는 것을 감안하면 현시점에서도 잠재수요는 상당히 많다. 조사회사 IHS 오토모티브에 따르면 차종 3.5t까지의 엔진에서는 티센크루프의 조립 캠이 약 60% 정도 사용되고 있다.

DETAILS
CYLINDER HEAD

(3)

명문 엔진 튜너들에게
듣는 캠 프로파일의 비법

튜닝회사 도메이 파워드가 이끌어낸 해답

도메이는 예전이나 지금도 변함없는 엔진튜닝 전문회사이다. 도메이의 간판상품은 역시 과거나 현재도 캠축이다. 현재의 튜닝 캠 흐름은 과격하기만 한 난폭한 프로파일이 아니다. 간단·저렴하면서도 성능이 향상되는 「PONCAM」에 대해 도메이 파워드의 사토이 다카오씨에게 들어보았다.

본문 : 미우라 쇼지(MFi) 사진 : 사쿠라이 아츠오 그림 : 도메이 파워드

「도메이자동차」는 1970년대부터 80년대의 후지 그랑프리 챔피언&F2 전성시대 때, 혼다 워크스 V6 엔진을 상대로 맞서 온 BMW의 직렬4기 통·M12의 명문 튜너이다. 동시에 닛산 L형 튜닝이 한창이었던 무렵, 기본이 기껏해야 총 150마력이었던 것을 300마력 정도까지 끌어내었 던 소수의 튜닝 부품을 떠올리는 사람도 있을지 모르겠다.

당시에는 「솔렉스 카브레터·문어다리 배기 파이프·듀얼 머플러」라고 해서 드레스 업 튜닝 후에 하는 흡배기 튜닝이 인기였고, 그 다음으로 하는 것이 내경을 크게하는 것과 캠 튜닝이 정식 코스처럼 여겨졌었다. 작용각도 300°를 넘는, 대부분이 오버랩 같은 캠 프로파일을 떠올리면 서 도메이 파워드를 방문했더니 첫 마디에 「지금은 그런 캠은 없습니 다」라는 대답이었다.

「그야말로 L형의 NA튜닝에서는 오로지 공기와 연료를 많이 집어넣는 것밖에 수단이 없었죠. 그래서 대구경 카브레터와 작용각도가 큰 캠이 필요했던 겁니다. 하지만 그것만으로는 출력이 나오지 않아서 대량의 혼합기를 밀어 넣었더니, 이번에는 압축비를 또 올려야 하는 상황이었죠. 그래서 고압축 피스톤이나 커넥팅 로드, 크랭크까지 손을 되기에 이르렀죠. 그러니까 비용은 비싸지고 저회전 속도에서는 맥을 못 추더군요.」

「그러다가 터보 튜닝의 터보가 나오기 시작하면서 일반적인 튜닝 수단으로 ECU와 부스트 업이 보편화되었죠. 물론 터빈을 바꾸고 블록 아래쪽을 손대는 과격한 사람도 있었지만, 저중속 토크를 충실히 하면서 타기 쉽게 하는 방향으로 점점 바뀌었습니다. 그리고 튜닝이 손쉬워지면서 차량검사 대응까지 전제로 하지 않으면 안 되었습니다.」

특히 드리프트가 유행하기 시작하자, 손쉽게 출력을 올릴 수 있는 부스트 업이나 터빈교환이 바로 엔진튜닝이라는 식으로 인식되면서 캠 교환까지 하는 운전자는 줄어들었다고 한다.

「하지만 역시나 캠을 바꿔야 튜닝하는 맛이 있죠.」

40페이지 하단의 RB26DETT의 캠 작용각도를 봐주기 바란다. 그래프에서는 유효 작용각도를 나타내고 있지만 실제로 흡배기가 시작되는 양정 1mm 때는 밸브 오버랩이 제로인 것이다. 이래서는 아무리 부스트를 올려도 회전속도를 높여가면 막혀버리게 된다.

「제2세대 GTR이 나왔을 당시에는 280ps의 자율규제라는 것이 있었죠. 여하튼 그룹A에서 600ps까지는 나오는 엔진이기 때문에 규제값을 낮추기 위해 이런 캠 프로파일을 적용했던 겁니다. 그래서 부스트를 올렸으면 캠을 바꾸고 배기를 적극적으로 하는 한편으로, 터빈으로 배기를 유도해야 하는 문제가 있지만 부스트 업을 한 운전자는 헤드를 여는 데 저항이 있기도 했죠. 요는 공임이 많이 든다고 생각했기 때문입니다. 로드스터 같은 NA엔진에서도 블록 아래는 노멀 그대로 두고 캠만 바꿔도 엔진의 성격이 완전히 달라집니다. 터보가 됐든 NA가 됐든지 간에, 엔진의 기본적인 성능을 좌우하는 것은 역시나 캠이라고 하는 것을 꼭 알아주었으면 싶었죠.」

이전의 튜닝 캠은 큰 작용각도·큰 양정이었기 때문에 캠을 바꾸면 밸브 타이밍을 재조종해야 했고, 밸브 스프링 교환도 필수였다. 캠을 바꾸는 이외에 부품이나 공임도 꽤나 나왔던 것이다. 이래서는 아무리 캠 교환을 추천해도 바꾸지 않을 것이라고 생각한 도메이 파워는, 정말로 캠만 바꾸면 되는 합리적인 튜닝 캠인「PONCAM」을 개발하게 된다.

먼저 극단적인 프로파일로 하지 않고 엔진 본체나 ECU 변경이 필요 없으며, 적당하게 타기 쉬운 캠일 것. 노크 핀(캠축을 스프로킷에 고정하기 위한 핀) 위치를 미리 어긋나게 해 밸브 타이밍 조정이 필요 없을 것. 동시에 래시 어저스터를 장착하지 않고 솔리드 타입의 밸브 스템만으로도 심 조정이 필요 없는 정확도를 만들어 낼 것. 열리는 쪽에 비해 닫히는 쪽의 프로파일을 완만하게 해 가속도를 줄이고 밸브와 착좌성(着座性)을 높임으로서 밸브 스프링을 노멀 그대로 사용할 것. PONCAM은 이와 같은 여러 가지 기술내용과 저가격을 목표로 만들어졌다.

「처음에는 튜닝 샵으로부터 불만의 목소리도 들렸습니다. 『이러면 공임을 받을 수 없어서 장사가 안 된다』고 말이죠. 하지만 손쉽게 캠을 교환할 수 있다는 것이 소문나면서 수량이 많아지더군요. 다른 튜닝 제품과 조합할 수 있게 되면서 지금은 완전히 자리를 잡았습니다.」

뛰어난 정밀도가 요구되는 작업 —— 소재업체로부터 납품된 캠축 원형을 NC선반으로 절삭한다. 열 변형을 피하기 위해 회전을 천천히 시키면서 약품을 섞은 대량의 물을 쏘아준다. 좌측 페이지 사진은 같은 행정을 다른 각도에소 본 모습이다.

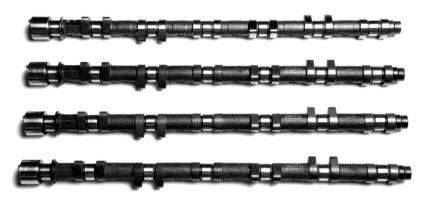

RB26DETT용 캠축

위쪽부터 각각 노멀/240°(작용각도)8.58mm(In 양정), PONCAM/260°9.15mm, PROCAM/270°10.25mm, PROCAM/280° 10.8mm이다. 양정 차이는 사진에서도 명확히 알 수 있다. 캠 프로파일은 축 중심에서 흡기 쪽과 배기 쪽이 비대칭이다. 흡기 쪽은 열리는 것을 빨리 해서 흡기를 촉진시키기 위해서, 배기 쪽은 밸브 스프링의 신장 가속도를 끝부분까지 내려 밸브의 착좌성을 높이기 위해서 비대칭으로 한 것이다. 특히 PONCAM에서는 배기 쪽 처리에 있어서 강화 밸브 스프링으로 교환하지 않아도 된다.

개발 주안점에 있듯이 PONCAM은 「캠 교환=타기 어렵다」는 이미지를 불식시키기 위해 일부러 작용각도·오버랩을 크게 하지 않았다. 특히 터보차량에서는 프로파일이 너무 과격하면 토크가 큰 터보가 되기 쉽고, 시내 주행도 많은 일반 운전자에게는 장점이 적기 때문이다. 지금은 튜닝 차량검사도 당연히 통과할 수 있어야 하기 때문에, 터빈의 배압을 낮춤으로서 촉매를 기능시킨다는 의미도 있다. 물론 500ps 능가, 심지어는 1000ps이나 되는 출력을 요구하는 전투파가 적기는 하지만 존재는 하기 때문에, 그런 마니아들에게는 본격적인 「PONCAM」을 제공하는 방법으로 대응하고 있다.

창업 당시부터 닛산자동차와는 인연이 깊어서, PONCAM을 판매하는 데 있어서의 주력은 지금도 RB26DETT와 SR20DET라고 한다. 둘 다 생산이 중지된 그리운 엔진이다. 일본산 고출력 스포츠카가 단종상태이기 때문에 어쩔 수 없다고는 하지만 전망은 어떨까.
「그렇습니다. 두 가지 엔진이 단종되고 그 다음은 도요타의 1J나 2J…도 이제는 없어졌죠(웃음). 현재의 GTR용 V38은 수요가 있기는 하지만, 앞으로는 86·BRZ용의 FA20으로 넘어 갈 겁니다. 당사에서도 적극적으로 소개는 하고 있지만, 여하튼 수평대항형은 엔진을 내리지 않으면 캠을 바꿀 수가 없고, 직렬과 달리 캠이 4개나 들어가기 때문에 망설

□ RB26DETT NORMAL

· 작용각도　　　IN : 240°
　　　　　　　EX : 236°

· 최대 밸브 양정　IN : 8.58mm
　　　　　　　EX : 8.28mm

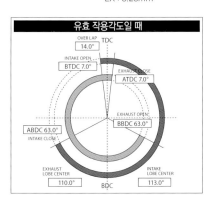

□ PONCAM TYPE-A

· 작용각도　　　IN : 260°
　　　　　　　EX : 252°

· 최대 밸브 양정　IN : 9.15mm
　　　　　　　EX : 9.15mm

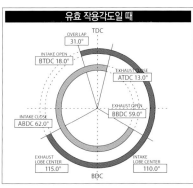

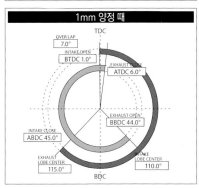

□ PROCAM 270

· 작용각도　　　IN : 270°
　　　　　　　EX : 270°

· 최대 밸브 양정　IN : 10.25mm
　　　　　　　EX : 10.25mm

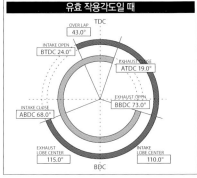

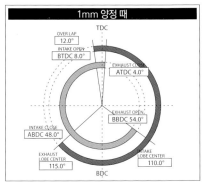

목적에 따라 프로파일이 바뀐다.

좌측 캠은 SR20DET용 노멀 캠/248° (작용각도)10.0mm(In 양정), 우측 캠은 PROCAM/280° 12.5mm이다. 일반적으로 밸브 양정은 밸브 지름의 1/4이 적정하다고 하는데, 12.5mm는 분명히 오버 스펙이라 할 수 있다. 터빈 교환이나 밸브를 큰 것으로 교환하는 것이 전제이다.

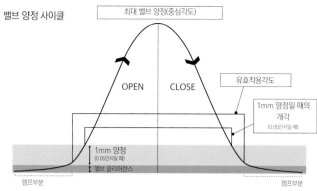

밸브 양정 사이클의 기본 이미지

넓은 의미의 캠 작용각도는「유효작용각도」라고 해서 설계상의 프로파일로부터 도출된다. 그에 반해 실용상으로는 밸브 간극을 포함하는 램프부분의 끝, 밸브가 1mm 양정(또는 크랭크 각도 0.05° 후)되고 나서부터의 작용각도가 사용된다. 실제의 오버랩 은 1mm 양정 이후부터 시작된다. 하단에 각종 캠의 작용각도를 비교해 놓았다.

이는 사람이 많습니다. 왜 그런지 예전부터 스바루 운전자들은 지갑을 여는데 엄격한 사람이 많아서요(웃음).」
「외국차량, 특히 메르세데스 벤츠나 BMW용의 특별주문 캠도 꽤 됩니다. 노멀 가공으로 말이죠. 그런데 예전에는 기계(마스터가 되는 캠의 프로파일을 더듬으면서 깎는 선반가공 머신)로 했던 것을 컴퓨터가 제어하는 가공기계로 바뀌고 나서는 특별주문용 캠을 4개까지 길이밖에 못 하는 겁니다. 어쨌든 직렬6기통이 이제는 없기 때문인 것이죠.」
그런 이야기를 들으면서 사토이씨가 공장 안을 안내해 주었다. 한 쪽 방을 들여다보았더니 엄청 큰 터빈이 도요타 마크Ⅱ의 엔진룸에 자리 잡

고 있었다. 2016년의 오토사론에 나온바 있는 데모 카로서, 이 2JZ는 행정을 100mm(노멀은 86mm)까지 늘려서 1.23kg/m²의 부스트 압력으로 2800rpm에서 80kgm의 토크와 800ps의 최대출력을 끌어낸다. 타기 쉽고 다루기 쉬운 PONCAM을 만드는 한편으로, 이런 괴물 같은 튜닝도 손대고 있는 것이다. 배기가스와 연비가 우선시되는 자동차 메이커 취지와 달리 놀람과 청량함을 느끼게 했다.
엔진기술이라는 것이 정의나 첨단기술만이 아닌, 이렇게 거칠게 성능이라는 욕망을 추구하는 일면도 같이 갖고 있는 것이다.

□ **PROCAM 280**

· 작용각도　IN : 280°
　　　　　　EX : 280°

· 최대 밸브 양정　IN : 10.80mm
　　　　　　　　EX : 10.80mm

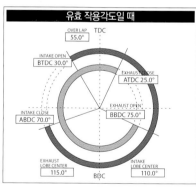

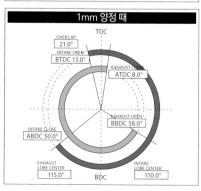

엔진형식	RB26DETT	목적	캠축 성능비교
시험날짜	2015.02	사양	· RB26(BCNR33 TURBO)
엔진형식	MAX 1.0		· EXPREME · 촉매 없음

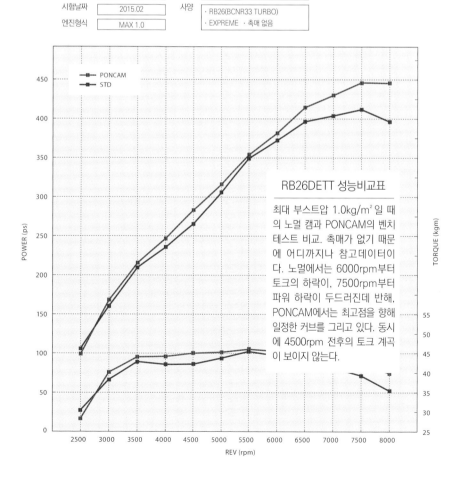

RB26DETT 성능비교표

최대 부스트압 1.0kg/m² 일 때의 노멀 캠과 PONCAM의 벤치테스트 비교. 촉매가 없기 때문에 어디까지나 참고데이터이다. 노멀에서는 6000rpm부터 토크의 하락이, 7500rpm부터 파워 하락이 두드러진데 반해, PONCAM에서는 최고점을 향해 일정한 커브를 그리고 있다. 동시에 4500rpm 전후의 토크 계곡이 보이지 않는다.

밸브 개폐를 자유롭게 하다.

연속가변 밸브 장치의 역사와 SOHCMIVEC

밸브의 개폐시기 및 양정을 가변시키려는 시도는 뜻밖에도 오래되지 않았다.
양정을 바꾸면 어떤 장점이 있을까. 어떤 것이 어려웠을까.
미쓰비시 자동차의 SOHCMIVEC을 대상으로 VVL/VVT의 역사를 돌아보겠다.

본문 : 사와무라 신타로 캡션 : MFi

예전부터 엔진기술자의 꿈은 가변적이라는 말이 있었다. 실린더 수, 실린더 내경, 압축비, 밸브 개폐시기, 밸브커튼영역(Valve Curtain Area), 공연비, 점화시기 등과 같이 엔진이라고 하는 메커니즘을 근본적인데서 규정함으로서, 운전을 결정하는 요소를 의도한 대로 제어하고 싶다. 그것이 가능하다면 꿈의 원동기가 될 것이다. 19세기 후반에 엔진이 탄생한 이후, 전 세계의 기술자는 이런 꿈을 위해 도전해 왔다.

이런 요소들 가운데 가장 먼저 가변이 달성된 것이 스로틀 밸브의 개도에 따른 흡기량 조정이다. 무엇보다 이것이 발명된 이후 가솔린 엔진이 인류에게 있어서 유용한 도구로서 다가 온 것이다. 계속해서 카브레터의 개량으로 공연비 조정이 어느 정도 가능해지면서 점화시기의 진각도 가변화된다. 20세기에 들어와서는 기존에 존재했던 연료분사의 더욱 정밀한 공연비 조정이 가능해진다. 그리고 20세기 후반에 이르러서는 밸브 시스템의 가변제어가 실현되기에 이르렀다.

생각해 보면 밸브를 여는 시점과 닫는 시점을 의도한 대로 할 수 있다면 흡기를 하사점 전에서 중단하거나 또는 하사점 뒤까지 흡기밸브를 열어둔 상태에서 피스톤으로 흡기를 밀어내면 그것은 가변 스트로크가 되는 것이고, 그것은 가변배기량과 가변압축비를 이차적으로 실현하는 것이다(현재의 미러 사이클 운전은 이로 인해 가능해진 것이다). 또한 흡기밸브의 닫는 시기를 여는 시기와 동시에 이루어질 때까지 빠르게 한다면 그것은 밸브가 열리지 않는다는 것으로서, 실린더 수를 가변적으로 운용할 수 있다는 의미이다. 즉 밸브 트레인의 가변제어는 다른 많은 요소들의 가변으로 이어지는, 열매를 많이 수확할 수 있는 과실수 같은 것이었다.

밸브의 가변제어는 1970년에 특허로서 성립되었다. 출원했던 회사는 피아트로서, 가변으로 했던

■ MMC : SOHC-MIVEC

MIVEC란 Mitsubishi Intelligent&Innovative Valve timing&lift Electronic Control system의 약칭으로, 즉 전동VVL 및 VVT장치를 말한다. 양립이 불가능한 중저부하와 고부하 양쪽의 성능을 얻기 위해 밸브 개폐시기 및 개도를 조정한다. SOHC-MIVEC는 2011년에 등장.

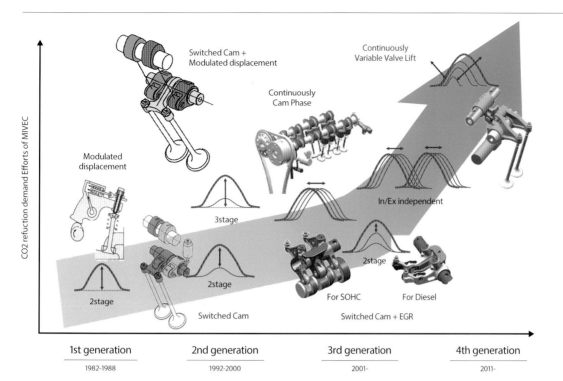

제1세대는 MIVEC이라는 이름이 아니라 플런저를 이용해 가변 실린더를 실현했었다. 제2세대에서는 같은 장치를 이용해 한 쪽 밸브를 열어 스월 발생을 도모했다. 제3세대에서는 디젤용도 등장해 냉각시동에 도움을 주는 EGR도입에 기여한다. 더불어 VVT와 맞춘 상승효과를 도모했다. SOHC-MIVEC는 제4세대이다. 결국 가변 밸브 양정 가변제어가 지속적으로 가능하게 되었다.

것은 밸브 개폐시기였다. 이어서 75년에는 GM이 가변 밸브 양정 특허를 취득한다. 하지만 1980년에 세계 최초로 가변밸브 시스템을 실제차량에 투입한 곳은 독립 회사로서의 마지막 시절을 보내고 있던 알파로메오였다. 캠축에 대해 캠 스프로킷을 유압으로 돌리는 구조를 고안함으로서, 배기가스 규제로 인해 이빨이 빠져버린 전가의 보도인 직렬4기통을 부활시키려고 했던 것이다. 스프로킷과 축의 관계를 바꾼다고 하는 것은 밸브 개폐의 위상, 즉 양정곡선을 그리는 시점을 크랭크 각도를 기준으로 앞뒤로 옮긴다는 의미이다. 때문에 캠 작용각도나 양정 자체는 바꿀 수 없지만, 그와 동시에 이 고안은 캠 구동 시스템 말고는 큰 설계변경을 필요로 하지 않는다. 그래서인지 순식간에 전 세계의 메이커들이 일제히 채택하게 된다. 90년대에 BMW가 VANOS라고 이름 지어서 선전한 가변밸브 타이밍 기구도 사실은 알파로메오의 특허를 사서 만든 것이었다.

똑같은 1980년에 미국의 GM은 이튼사(社)가 개발한 다른 구조의 가변밸브 시스템을 시장에 투입했다. 바로 OHV의 푸시로드 하단, 즉 캠과 접촉하는 부분에 유압 플런저(plunger)를 이용해 신축이 자유롭고 고정 길이를 2단으로 전환하는 통을 사용하는 방식이었다. 고정 길이가 같은 경우 푸시로드는 올라가지만, 신축이 자유롭다면 캠이 올라가는 것이 통에 흡수되어 움직이지 않는다. GM은 이를 통해 V8을 V6 또는 V4로 움직이게 하는 가변 실린더를 실현함으로서 캐딜락의 연비대책으로 내세웠다.

그런 GM보다 2년 늦게 미쓰비시자동차가 OHV가 아니라 SOHC로 가변 배기량(variable displacement)을 실현한다. 크로스 플로우(cross flow) SOHC에서는 머리 위에 있는 캠 노즈의 움직임을 밸브에 전달하는데 좌우로 나누어진 센터 피벗 방식 로커 암을 매개로 한다. 그 흡기 로커 암의 밸브 쪽 끝에 유압 플런저를 배치해 똑같이 흡기밸브 작동을 멈추게 함으로서 가변 배기량으로 만든 것이었다.

이렇게 미쓰비시는 일본에서 가변밸브 시스템을 개발한 선두주자였다. 이와 관련된 사실들을 더 자세히 알아보기 위해 아이치현 오카자키시의 개발본부를 방문해 G12B형 오리온MD 장치부터 90년대에 태어나 지금

까지 건재하고 있는, MIVEC이라 부르는 가변밸브 시스템에 이르기까지의 발자취와 그 이론적 뒷받침을 알아보기로 했다. 취재에 응해준 분은 파워 트레인 설계부서의 가솔린엔진 담당부장인 무라타 신이치씨이다.

미쓰비시는 오리온MD에 이어 1984년에 두 가지 장치의 개발에 착수한다. 시리우스DASH3×2라고 불리었던 G63B형에 앞서의 시스템을 이용해 흡기유동의 가변을 실험한 것이다. 먼저 밸브 시스템을 SOHC 상태에서 흡기×2+배기×1인 3밸브에서부터 시작했다. 뿐만 아니라 흡기 쪽 캠과 로커 암을 두 개의 흡기밸브 각각에 준비하고, 캠 프로파일도 열림각도가 크고, 양정도 큰 캠과 열림각도가 작고, 양정도 작은 캠 두 가지를 흡기밸브마다 준비한다. 거기에 열림각도가 크고, 양정도 큰 쪽 흡기밸브를 움직이는 로커 끝에만 앞서의 플런저를 배치해 3밸브와 2밸브로 전환할 수 있게 했다. 고출력을 낼 때는 양쪽의 흡기밸브를 연다. 양쪽이 열리기 때문에 흡기량을 더 늘릴 수 있다. 게다가 각각의 흡기밸브는 밸브가 열리는 시기나 양정도 다르기 때문에 실린더 안에서 스월(실린더 중심축 기준으로 수평으로 해서 가로로 회전하는 소용돌이)이 발생한다. 한편으로 저회전 저부하일 때나 과도영역에서는 열림각도가 작고, 양정도 작은 쪽 흡기밸브만 열린다. 그러면 스월은 더 격렬해진다.

「그 당시는 연소개선에 효과가 있던 것이 스월이냐 텀블(수직 소용돌이)이냐는 논쟁이 있었습니다. 그런 속에는 우리는 스월을 선택했던 것이죠.」라며 당시를 회상하는 무라타씨의 말이다.

사실 이때 이미 도요타에서는 4A-GEU형 직렬4기통 DOHC 4밸브 장치에 있어서 두 개의 흡기밸브를 향해 분산된 경로의 한 쪽을 셔터 밸브로 닫아 미쓰비시처럼 스월 발생을 노리고 있었지만, 미쓰비시는 가변밸브 시스템이라고 하는 다음 단계로 넘어가는 상태여서 앞서나가고 있었던 것이다. 이렇게 변칙적이기는 하지만 밸브개폐시기와 양정의 가변을 실현한 미쓰비시는 이것을 다음 단계로 본격적으로 1992년에 MIVEC이라는 이름으로 시장에 투입하였다.

이것이 DOHC 4 밸브 시스템에 적용되었다. 밸브구동은 직타식이 아

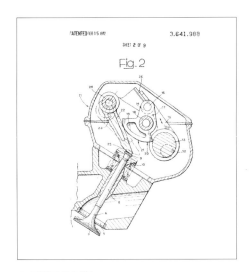

■ 피아트의 특허

피아트가 특허를 낸 밸브 액추에이팅 시스템. 1970년에 출원. 문서는 그림 속 24로 표시된 로커 암의 지지점을 움직이는 것과 양정가변 장치를 포함해 밸브 개폐시기 가변의 효능을 나타내고 있다.

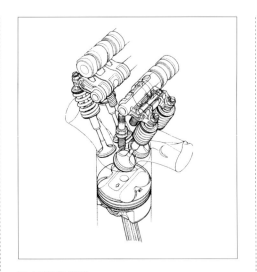

■ 혼다의 VTEC

캠 로브에 높고 낮은 두 개의 노즈를 만들어 놓고 동작하는 로커 암 쪽을 선택함으로서 밸브양정을 제어하는 구조이다. 로커 암 내에 유압으로 동작하는 핀을 뺐다 꽂았다 한다. 꼬치집에서 빙글빙글 도는 꼬치를 보면서 생각해 냈다고 한다.

■ 포르쉐의 바리오 캠 플러스

태핏의 캠 로브와 닿는 면에 유압 핀 기구를 설치한 다음, 흔히 말하는 「공진(空振)」을 시켜 양정의 고저를 실현하는 「바리오 캠」. 공급자는 셰플러이다. 나아가 캠축 끝에 VVT가 있으면 「플러스」가 된다.

니라 엔드 피봇 방식 로커 암을 매개로 한다. 하지만 실린더 당 2밸브를 작동시키는 캠 노즈와 로커뿐만 아니라 거기에 끼듯이 더 열림각이 크고, 양정도 큰 캠 노즈와 로커까지 준비함으로서, 저회전·저부하 영역에서는 놀고 있던 그쪽이 고회전·고부하 영역에서는 작동하면서 결과적으로 2단으로 전환하는 개폐시기와 양정의 가변을 실현한다.

알려진 바와 같이 그 조금 전에 혼다는 비슷한 시스템을 VTEC이라는 이름으로 시장에 투입했으며, 또한 로터스 엔지니어링에서도 개발을 완료하고 있었다.

「사실 캠 전환식 같은 그런 가변밸브 시스템은 방식 그 자체는 이탈리아에서 특허가 나왔던 겁니다. 그 다음은 어떤 기구로 설계해 그것을 실현하느냐가 문제였죠.」

그래서 미쓰비시는 고속 쪽 로커의 꼭대기 부분에 T자형 돌기를 만들고, 그 T자의 가로대(橫奉)부분을 놀게 할 것인지 밸브구동을 경로 내에서 작동시킬 것인지를 유압으로 전환해 2단 가변을 실현한다. 혼다는 저속 쪽과 고속 쪽의 로커를 핀으로 관통시키느냐 마느냐로 전환하고, 로터스는 로커의 엔드 피봇을 플런저로 위아래로 움직이는 방식으로 실현했다.

덧붙이자면 이런 캠 노즈 전환을 직타식으로 실현하는 시스템도 90년대 후반에 등장한다. 유압으로 자유롭게 움직이느냐, 태핏 전체와 일체화하느냐를 전환할 수 있는 돌기를 태핏 중앙에 밸브 스템의 정점과 접촉하도록 설치한다. 그리고 캠 노즈의 그것과 접촉하는 한 가운데만 열림각이 작고 양정도 작은 캠으로 성형해 놓는다. 이렇게 하면 태핏과 관계없이 돌기만을 열림이 작고 양정도 작은 캠의 중앙부분이 밀리면서 움직이게 할 때와, 열림각이 크고, 양정도 큰 캠의 노즈 좌우부분이 돌기와 일체가 되어서 움직이는 태핏을 누르면서 움직이게 하느냐에 따라

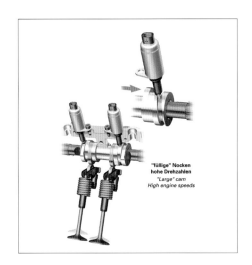

■ 아우디의 VAS

유압 액추에이터를 통한 핀이 로브 상에 파인 홈을 사용해, 캠 로브의 블록을 가로방향으로 미끄러트려 양정을 가변시키는 구조. 전환방식이다. 폭스바겐은 이것을 이용해 가변 실린더 장치ACT를 만든다.

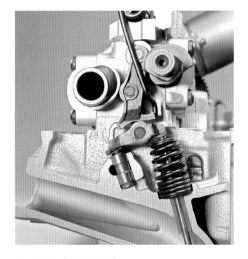

■ BMW의 밸브트로닉

세계 최초로 실용화한 연속방식 양정가변 장치. 캠 로브와 롤러 로커 사이에 공진장치를 실현하는 암을 장착한 다음, 그 위치를 연속적으로 움직이게 해 양정을 제어한다. 2001년에 등장한 제1세대 장치이다.

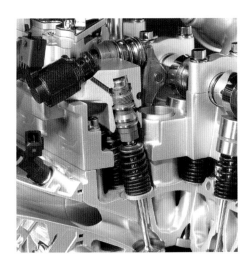

■ 피아트의 멀티에어

이 장치도 연속방식 양정가변 장치로서, 캠을 개폐하는데 유압을 이용하는 것이 특징이다. 목적은 자유로운 개폐시기를 위해서이다. 물리적인 로브에 속박되지 않기 때문에 여러 번의 개도를 포함해 어떠한 설정도 가능하다는 것이 강점이다. 채택이 좀처럼 확산되지 않고 있다.

2단계 전환이 실현된다. 셰플러가 개발한 이 시스템은 포르쉐가 채택하게 되는데, 더불어서 캠축 자체의 타이밍 가변도 병행해 바리오 캠 플러스라는 이름으로 상품화했다.

또한 엔드 포핏 방식 로커를 사용하면서 로커는 1밸브 당 하나로 해 놓고, 이것을 누르는 캠 노즈를 열림각이 크고 양정도 큰 캠과 열림각이 작고 양정도 작은 캠 2가지를 준비해 옆으로 배치한 다음, 거기에 캠축을 축 방향으로 움직이게 해서 캠 노즈를 전환하는 시스템도 등장했는데, 이 시스템은 아우디가 AVS라는 이름으로 채택했다.

이런 것들은 2단 전환(VTEC에는 가변 배기량을 포함하는 3단 전환도 나중에 등장)이고, 엔지니어의 다음 야망은 밸브개폐시기와 양정을 연속적으로 가변 시키는 것이었다.

이 야망을 실현한 것이 BMW이다. 2001년에 밸브트로닉이라는 이름으로 등장한 이 장치는 캠 노즈와 밸브 사이에 센터 피벗 방식 로커 암뿐만 아니라 모터 작동에 의해 무단계로 머리를 흔드는 제2의 로커를 배치한 것이다. 이 제2의 로커 머리의 흔들림 각도로 인해 전체 지렛대 비율을 광범위하게 늘렸다 줄였다 할 수 있게 되면서 밸브 열림각 제로까지의 연속가변 개폐시기나 양정을 실현했었다.

무라타씨는 말한다.

「그때까지 가변은 (출력)성능을 내기위한 것이었습니다. 성능을 위해 회전속도를 높이고 거기에 밸브 개폐시기나 양정을 맞춰주다 보면 중·저속회전에서 맥을 못 추게 되죠. 이것을 어떻게든 해보려는 차원에서 가변을 실현하려고 했던 겁니다.」

하지만 가변밸브 시스템은 효율 및 연비라고 하는 새로운 시대적 목표에도 초점을 맞추는 쪽으로 바뀌어 갔던 것이다. 밸브트로닉은 가변밸브를 추진하는 가운데 스로틀 밸브 없이 흡기밸브를 통해 흡기량을 조정함으로서, 스로틀에 의한 손실을 없애는 것까지 시야에 넣었던(실제로는 다른 제어와 엮여 있어서 스로틀을 장착한다) 것이었다. 이 아이디어는 순식간에 업계로 퍼져나가데 되어 작동기구의 미세한 차이가 있기는 하지만, 닛산VVEL이나 도요타의 밸브매틱 등과 같이 제2 로커를 사용하는 연속가변 개폐시기나 양정 장치를 채택하는 사례가 크게 증가한다.

하지만 이 시스템에도 난점은 있었다. 먼저 헤드가 비대해진다는 점이다. 가변을 하지 않는 직타식의 경우 헤드는 밸브 유지부분과 캠축 유지

부분 2단구조면 된다. 하지만 2중의 로커와 그 작동장치가 추가되면 3단구조가 되는 것이다.

「연비를 노린다면 장행정이 맞죠. 마찰손실 저감 때문에 커넥팅 로드비도 커지구요. 엔진 전고는 점점 높아 갑니다. 거기에 헤드까지 두꺼워지게 되니까…」

현대의 자동차에 보행자 보호를 위한 충돌안전성이 요구되어 보닛과 엔진 사이에 완충영역이 필요하다. 엔진이 높아지면 이것을 확보하기가 어려워지는 것이다.

또한 밸브트로닉을 비롯한 제2 로커를 추가하는 방식에서는 양정을 자유롭게 제어할 수 있지만, 밸브개폐시기에는 구속이 따른다. 최대 양정 시점이 바뀌지 않는 것이다. 양정의 증감으로 인해 자동적으로 밸브가 열리는 시기와 밸브가 닫히는 시기는 이동하지만, 그 밸브 개폐시기만 자유롭게 움직이게 할 수는 없다. 그래서 캠축 비틀림 방식인 가변 타이밍 장치를 거기에 적용하게 된다. 메커니즘은 더 가중되고, 헤드는 더 커지고, 비용도 더 늘어날 뿐만 아니라 2계통 가변을 제어하는 것도 까다로워진다. 차체가 크고 고가의 자동차라면 소화가 가능하지만 작고 싼 자동차는 적용하기가 어렵다.

이런 난관에 대해 미쓰비시가 선택한 것은, 가격 면에서 이점이 있는 SOHC 4밸브로 만든 흡기밸브 가변이었다. 그런 4J10/11/12형 장치는 흡기 쪽에 캠 노즈와의 접촉위치를 바꾸는 제2로커(미쓰비시는 센터 로커라고 부른다)를 추가하는 방식으로 가변 양정을 실현했다. 이 시스템은 제2 로커를 사용한다는 점에서는 앞서의 장치와 똑같지만, 양정을 줄이는 제어로 옮겨갔을 때 그 제2 로커가 캠 노즈를 맞으러 가도록 움직인다는 점이 특징이다. 그 때문에 밸브가 열려 있는 시간은 줄면서도 그 시기는 빨라진다. 결과적으로 밸브가 열리는 시기가 양정이 클 때와 비슷한 정도의 빠르기에 그치면서 밸브가 닫히는 시기 쪽이 빨라지는 양정곡선이 된다. 이런 독자적인 특징 말고도 미쓰비시는 캠축 비틀림 방식의 가변 타이밍 장치도 적용했다. 이 가변은 밸브 개폐시기를 늦추는 방향으로 효과가 있다.

「빨리 닫히든, 늦게 닫히든지 간에 실제 압축비는 내려갑니다. 하지만 늦게 닫힐 때는 흡기 중인 혼합기의 유동이 떨어지고 실린더 내 압력이 높아져 연소가 나빠지는 경향이 있습니다. 그 때문에 어느 정도의 공기

■ SOHC-MIVEC의 구성부품과 동작

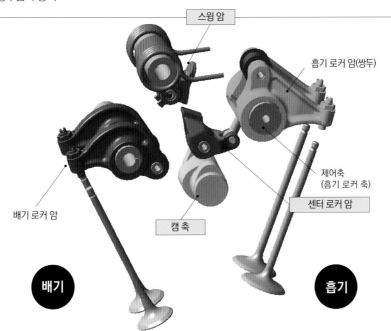

제어 축을 회전시키면 링크에 의해 연결되어 있는 센터 로커암의 각도가 변하면서 스윙 캠과 흡기 로커암이 닿는 면을 움직이게 하는 구조. 센터 로커 암의 각도 변화는 그대로 두고 캠축과 닿는 면까지 변화시키기 때문에, 이로 인해 양정이 바뀌어도 밸브를 여는 시기를 거의 동등하게 할 수 있었다. SOHC라 부품개수가 적다는 점, VVT를 추가할 필요가 없다는 점이 강점이다.

배기 로커 암

배기

스윙 암

흡기 로커 암(쌍두)

캠 축

제어축 (흡기 로커 축)

센터 로커 암

흡기

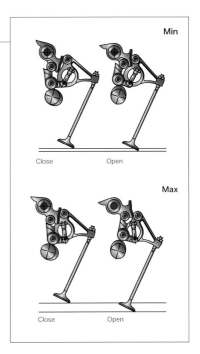

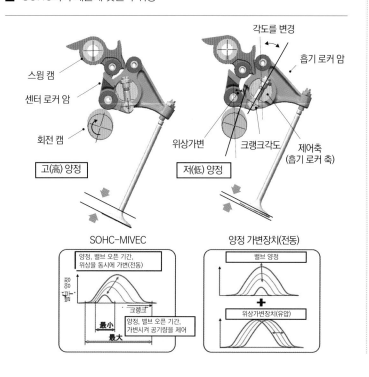

각도를 변경

흡기 로커 암

스윙 캠

센터 로커 암

회전 캠

위상가변

크랭크각도

제어축
(흡기 로커 축)

고(高) 양정

저(低) 양정

SOHC-MIVEC

양정 가변장치(전동)

양정, 밸브 오픈 기간,
위상을 동시에 가변(전동)

밸브 양정

최소

最小

最大

크랭크

위상가변장치(유압)

양정, 밸브 오픈 기간,
가변시켜 공기량을 제어

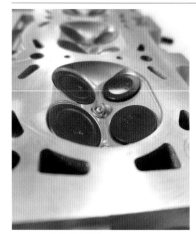

양정이 작은 영역에서 밸브를 닫은 후에도 텀블을 유지시키기 위한 수단. 슈라우드(shroud)를 설치해 실린더 쪽 면의 가스유동을 억제한다. 이로 인해 하향 텀블이 억제되면서 내벽 중심에서 생기는 상향의 텀블과 상쇄되지 않는다는 구조이다. 포트분사(예혼합기)를 이용하는 엔진인 만큼 실린더 내에서 양호한 혼합기를 형성함으로서 안정적인 연소를 얻을 수 있다고 한다.

슈라우드 부분

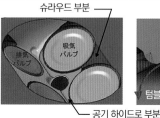

吸氣
バルブ

排氣
バルブ

공기 하이드로 부분

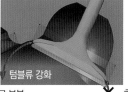

텀블류 강화

흐름을 억제한다

유량이 필요한 것이죠.」그래서 양정이 클 때는 늦게 닫히는 것과 조합한다. 원래 늦게 닫히는 것은 유량이 많을 때 관성과급을 생각대로 이용할 수 있어서 출력에 장점이 크다. 질문해 보았더니 4J의 흡기밸브가 닫히는 시기는 레이싱 엔진 정도의 느리기라고 한다.

하지만 캠축 비틀림으로 흡기밸브를 여는 시기를 뒤로 늦추면 당연히 스로틀 밸브를 여는 시기도 늦어지기 때문에 흡배기 오버랩이 적어진다. 어느 정도의 유량을 확보할 수 있는 중속회전·중부하 영역 이상에서는 오버랩이 적으면 내부EGR도 줄어들어서 그로 인한 펌프 손실 저감을 기대할 수 없게 된다.

그런데 여기서 4J가 SOHC라는 사실이 효과를 내는 것이다. SOHC 1개의 캠을 비틀어 흡기 밸브 개폐시기를 늦추면 자동적으로 배기밸브 개폐시기도 늦어진다. 그 때문에 캠 비틀림 가변 개폐시기는 흡기만 움직이게 하는 DOHC에 한정되어 채택되고 있었던 것이다. 하지만 4J의 경우 제2 로커를 움직여 양정을 늘려도 앞서와 같이 밸브를 여는 시기가 그다지 바뀌지 않고 밸브가 닫히는 시기만 늦어진다. 거기에 캠축을 비틀어 흡배기 모두 개폐시기를 늦추었다 하더라도 오버랩은 확보되는 것이다. 즉 말레사(社)는 캠축을 이중으로 해서 흡배기를 각각 가변시킬 수 있는 캠인캠(CamInCam)의 SOHC 가변 시스템을 실현하고 있지만, 4J의 경우는 그것이 필요 없었던 것이다.

「사실 작은 양정도 연소가 좋지 않은 고민은 있습니다. 밸브를 여는 시간이 짧은 가운데 신속하게 연소시켜야 하는 것이죠. 그것을 목적으로 흡기포트가 연소실로 이어지는 부분에 조그만 마스킹을 설치했습니다. 이것은 양정이 클 때는 효과가 없고 양정이 작을 때 유입구를 반 정도 가리도록 설정되어 있습니다. 이로 인해 양정이 낮을 때도 텀블 유동이 촉진됩니다.」

이렇게 SOHC인데도 불구하고, 아니 오히려 SOHC이기 때문에 이득을 볼 수 있는 연속가변 밸브 개폐시기와 양정 장치가 완성되었다.

똑같이 캠축 1개로 연속가변 개폐시기와 양정을 실현한 시스템으로 피아트와 셰플러가 공동으로 개발한 멀티셰어라는 것이 있다. 유압으로 흡기밸브를 움직여 개폐시기와 양정을 2번 여는 것도 자유롭게 제어하는 이 장치는, 유압을 버림으로서 밸브를 닫는다. 통상적인 캠으로 밸브를 구동하는 방법 같은 경우, 밸브가 열리는 동안 수축된 밸브 스프링이 캠 회전을 촉진시키는 방향으로 작용하기 때문에 밸브 스프링을 밀어서 수축시켜 밸브를 열 때 소비된 에너지는 리턴하면서 어느 정도는 돌아온다. 그에 비해 멀티셰어의 유압 손실은 간과할 수 없다고 무라타씨는 말한다.

그러고 보면 10년 쯤 전에 미래의 밸브 시스템으로 전자적으로 밸브를 움직이는 것이 구상되었었다. 미쓰비시도 기술보고서에서 그런 가극능성에 대해 언급했었다.

「시도를 하긴 했었죠. 밸브 스프링을 마주하게 배치한 다음 전자력으로 움직이는 방식입니다. 하지만 스프링이 가까워질수록 자력이 커지기 때문에 밸브가 착좌(着座)할 때 소음이 발생하더군요. 또한 밸브간극 조정이 곤란했습니다. 정밀하게 만들어진 실험장치라면 괜찮겠지만 양산에서는 공차가 나오기 때문에 조정장치가 필요하죠.」

그렇다고 해서 래시 어저스터를 장착하게 되면 이야기가 또 이상해지는 것이다. 온도에 따라 자력이 변하는 것도 장벽이었다고 한다.

한편으로 스즈키를 비롯한 몇몇 회사가 3차원으로 성형한 축을 축 방향으로 어긋나게 하는 시스템을 발표한 적이 있는데, 캠 노즈 형상 비용 등이 장애물로 작용하는 것 같다. 어느 정도 비용을 맞추면서 효율을 높여나가려고 할 때, 미쓰비시가 최적이라고 판단한 밸브 시스템은 그에 대한 해법으로 SOHC 개폐시기와 양정 가변장치를 갖춘 이 4J를 내놓은 것이다.

무라타 신이치

미쓰비시자동차공업 주식회사
개발본부 파워트레인 설계부
담당부장(가솔린엔진 담당)

일 거 양 득

직타방식과 롤러 로커방식의 장점을 겸비한 MMC의 롤러방식 캠축

본문 : 사와무라 신타로

4J계열 장치는 1.8~2.4리터를 커버하는 실용 직렬4기통 엔진이었다. 이들 이상으로 비용적인 측면이 강한 것, 예를 들면 경자동차용 660cc 직렬3기통 같은 엔진은 연비와 효율을 향상시키는 방법으로 무엇이 있을까. 물론 제2 로커를 이용하는 양정과 개폐시기 가변에 캠축 비틀림을 중복시키는 4J 같은 화려함은 허용되지 않는다. 직접분사 역시 엄격하다. 그런 가운데 미스비시 엔진기술진이 짜낸 묘안이 이것이다.

4명 승차에 최대적재까지 감안하면 경자동차의 출력하중에는 여유가 없다. 그렇기 때문에 어떻게든 고속회전까지 단숨에 돌려서 출력을 내는 엔진이 되어야 한다. 실린더 당 배기량이 220cc밖에 안 되기 때문이다. 그런 점에서는 회전시키기 쉽다는 것도 있다.

그래서 회전속도를 높이게 되면 역시나 밸브 트레인은 직타가 적합하다. 로커 암을 매개로 한 밸브 구동방식에 비해 캠 노즈가 직접 태핏을 누르는 직타식이 압도적으로 가볍다고 무라타씨는 말한다. 밸브 트레인 전체의 강성도 확보하기 쉽고, 그래서 무거워지지 않는 것이다. 물론 간략하기 때문에 싸기까지 하다.

하지만 직타식에는 로커 암을 매개로 하는 방식에 대해 큰 결점이 있다. 마찰이 큰 것이다.

직타식 캠 노즈는 태핏을 눌러 밸브를 연다. 이때 캠 노즈 표면은 태핏과 마찰하면서 밀어 내린다. 물론 사이에는 윤활유가 있기는 하지만 윤활유의 전단저항이 꽤나 크다. 오일이 있는 바닥을 걸으면 신발은 미끄

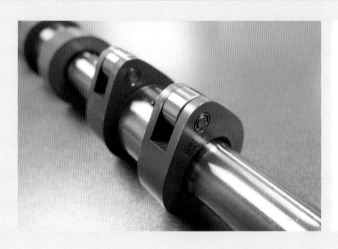

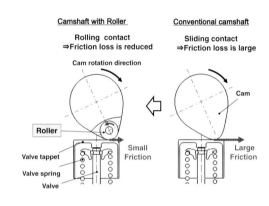

러지지만, 오일을 사이에 두고 2개의 유리판을 미끄러지게 하려면 상당한 힘이 필요한 것이다. 때문에 간과할 수 없는 마찰손실이 거기서 발생한다. 덧붙이자면 캠 노즈 면의 센터라인에 대해 태핏은 중심을 어긋나게 해 내리밀 때 태핏이 회전하도록 하는 설계가 지금은 상식이지만, 태핏이 회전할 때 헤드 쪽과의 사이에 있는 유막을 전단하는 저항이 만만치 않다. 고급차의 엔진 같으면 태핏 윗부분에 DLC표면가공을 이용할 수도 있지만 경자동차 3기통에 그렇게 하기는 무리이다.

한 쪽을 로커 암을 사용한다면 이것의 캠 노즈와 접하는 부분에 롤러를 넣을 수 있다. 롤러를 슬라이드 베어링으로 지지하면 조금이라도 오일의 전단저항이 발생하지만, 니들 롤러 베어링을 사용하면 마찰손실을 억제할 수 있다(4J에서는 두 개의 로커 접동부분을 니들 롤러 베어링으로 지지하는 롤러를 사용하고 있다).

이런 직타식의 결점을 해소한 것이 eK에 축적된 3B20형 직렬3기통 캠축이다. 그림처럼 캠 노즈의 정점에 롤러가 들어가 있다. 요는 로커에 넣는 롤러를 캠 노즈 쪽으로 넣어버린 형태이다. 이렇게 되면 저쪽과 똑같이 마찰손실을 줄일 수 있다.

이런 방식이라면 직타식의 장점이 살아난다. 사실 직타에는 앞서의 강

성이나 중량뿐만 아니라 다리 로커방식에 비해 이점이 있다.

「직타방식이 양정곡선을 두껍게 할 수 있습니다.」

즉 양정의 양과 밸브를 닫는 시기가 같더라도 일찍부터 밸브를 크게 열 수 있는 것이다.

「성능을 낸다는 것은 공기를 가능한 많이 흡입해야 한다는 것이므로 이것이 효과가 있죠」 또한 로커 암에 롤러를 넣을 경우, 그 롤러의 지름은 작을 수밖에 없기 때문에 캠 면이 도중에 속으로 들어가는 형상을 한다.

「볼록한 면만 있으면 큰 숫돌로 한 번에 갈아낼 수 있죠. 하지만 들어간 면을 갈아내려면 그 들어간 면의 R보다도 작은 숫돌이 필요합니다. 면 조도는 숫돌을 돌리는 원주 속도로 결정되기 때문에, 작은 숫돌은 고속으로 돌려야만 하죠. 깎이는 양도 작기 때문에 시간도 걸리고요. 결과적으로 이런 캠은 가격이 비싸집니다.」

하지만 캠 노즈의 정점에 롤러를 넣으면, 태핏과의 기하학적 관계는 노즈의 끝 부분이 약간 부풀은 캠 노즈와 거의 비슷하기 때문에 양정곡선은 어렵지 않게 두껍게 할 수 있는 것이다.

기술을 홍보할 기회가 없었기 때문에 이 롤러 적용 캠은 세상에 알려지지 않았지만, 저가 차량의 엔진에는 상당히 유효한 발명이다.

2밸브 2플러그의 실린더 헤드

혼다의 L13A형 엔진이 지향하는 것

혼다의 엔진이라고 하면 누구나가 명품엔진 반열에 오른 VTEC을 떠올릴 것이라 생각한다.
그러나 밸브 양정 가변장치의 효시로서, 복잡하고 화려한 메커니즘이 눈길을 끄는 한편으로 수수하면서
그러나 실리를 중시한 실린더 헤드를 가진 엔진이 혼다에게는 있었다.

본문 : MFi 그림 : 혼다

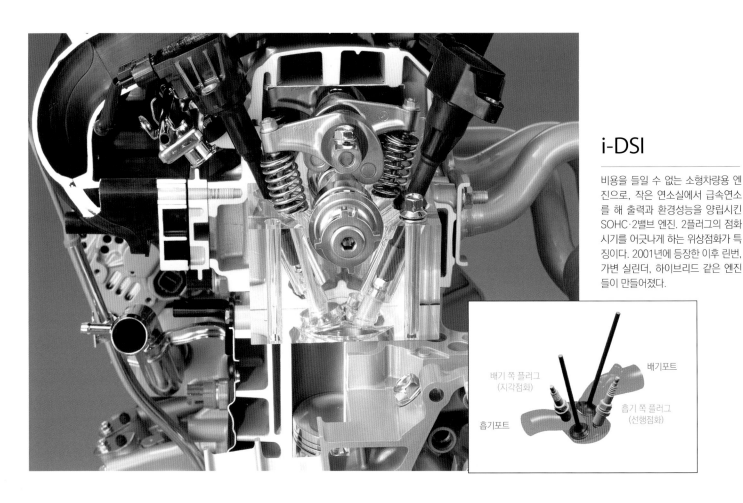

i-DSI

비용을 들일 수 없는 소형차량용 엔진으로, 작은 연소실에서 급속연소를 해 출력과 환경성능을 양립시킨 SOHC·2밸브 엔진. 2플러그의 점화시기를 어긋나게 하는 위상점화가 특징이다. 2001년에 등장한 이후 린번, 가변 실린더, 하이브리드 같은 엔진들이 만들어졌다.

배기 쪽 플러그
(지각점화)

배기포트

흡기포트

흡기 쪽 플러그
(선행점화)

지금의 자동차용 엔진은 거의 전부라고 해도 좋을 만큼 1실린더·4밸브 시스템을 채택하고 있다. 2밸브에 비해 밸브 면적을 크게 확보할 수 있어서 더 많은 공기를 흡입할 수 있다는 점, 연소실 형상을 이상적인 펜트 루프 형상으로 할 수 있다는 점, 플러그를 중앙에 배치할 수 있다는 점 등 뚜렷한 장점들이 있기 때문이다. 1990년대 무렵부터 갈팡질팡하는 사이에 SOHC 엔진이 DOHC로 교체되었던 것도 전적으로 4밸브화가 목적이었다.

그런데 완전하게 보이는 4밸브에도 결점은 있다. 병렬로 배치한 밸브로부터 공기(혼합기)가 실린더를 향해 아래로 쏟아지듯이 흐르기 때문에 기류는 당연히 수직방향, 즉 텀블류(流)가 된다. 텀블은 공기와 연료의 충분한 혼합과 양호한 급속연소에 기여하지만, 피스톤이 상승함에 따라 기류가 약해지다가 상사점 부근에서 없어진다. 텀블이 없어지는 것 자체는 급속연소와 린번 운전에 유용하지만, 시간경과와 함께 유동에너지가 약해지는 것은 곤란하다. 텀블류는 연소실(포트형상)에 의해 규정될 뿐만 아니라 유효한 소용돌이를 얻을 수 있는 크랭크각도 한정되어 있기 때문에 효과는 부분적이다(피스톤 크라운 면 형상을 개선하면 어느 정도의 지속은 가능).

그에 반해 역시 양호한 연소를 가져다주는 수평방향의 소용돌이인 스월류(流)는 스프링이 수축되어도 형상이 바뀌지 않도록 피스톤 상승에 따른 흐름 자체는 그다지 변하지 않기 때문에, 점화직전까지 소용돌이를 이용할 수 있다. 또한 EGR운전 때의 연소안정에는 스월이 지배적이어서 스월이 적으면 대량의 EGR을 할 수 없다고 여겨진다. 하지만 4밸브에서는 스월을 그다지 기대할 수 없다.

크로스 플로우 2밸브에서는 흡배기 밸브를 대각선으로 배치해 자동적으로 스월을 발생시킨다. 또한 4밸브에 비해 절대적인 공기 유입량이 적어도 포트단면적이 작기 때문에 유속을 높일 수 있다. 즉 급속혼합·급속연소에 도움이 되는 스월을 더 강력하게 발생시키는 것이 가능하다. 2밸브가 스월류만 만드는 것은 아니다. 스월과 동시에 텀블류도 발생시킬 수 있다. 상대적으로 보면 2밸브에는 4밸브보다 연소를 촉진시키기 위한 소용돌이 발생에는 유리한 조건이 갖추어져 있다.

또한 급속연소라고 하면 실린더 내 기류의 증진과 함께 다점점화가 매유 유효하다는 것은 알려져 있지만, 4밸브에 비해 2밸브 같은 경우는 밸브를 배치하는데도 여유가 있다.

이렇게 2밸브이기 때문에 갖고 있는 장점을 추구해서 만들어진 것이 혼다의 L13A·i-DSI엔진이다. DSI란 Dual Sequential Ignition의 약자로서, 다점점화와 동시에 점화시기를 어긋나게 해 점화하는 것을 가리킨다. 일반적인 2플러그 엔진은 두 개의 플러그를 동시에 점화하지만 DSI에서는 배기밸브 쪽 플러그보다 흡기밸브 쪽 플러그를 빨리 점화시킴으로서, 연소속도가 빨라져 BSFC(제동연료 소비율)가 향상된다는 것이 검증되었다.

2플러그 위상점화의 장점은 더 있다. 흡기 쪽 플러그를 먼저 점화하면 (1플러그 점화와 똑같은 것이다) 화염이 퍼짐에 따라 배기 쪽의 미연소 가스가 고온·고압이 되어 자기착화, 즉 노킹이 발생하게 된다. 그런

실린더 내 유동을 촉진

우측그림은 L13A(우)와 기존 형식(좌)의 BTDC30°에서의 실린더 내 혼합기의 분포를 비교한 것이다. 기존 형식에서는 혼합기가 농후한 부분(청색)과 희박한 부분(적색)이 편중되어 있지만, L13A에서는 포트형상·배치의 개량을 통해 스월·텀블 모두 1.2배로 강화되었다. 균일한 혼합기 분포를 나타낸다.

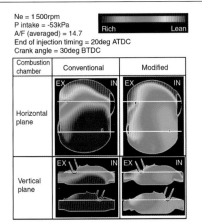

Ne = 1 500rpm
P intake = -53kPa
A/F (averaged) = 14.7
End of injection timing = 20deg ATDC
Crank angle = 30deg BTDC

Rich — Lean

Combustion chamber	Conventional	Modified
Horizontal plane	EX / IN	EX / IN
Vertical plane	EX / IN	EX / IN

흡배기 밸브와 두 개의 점화플러그가 서로 대각선상에 배치된다. 마치 4밸브 엔진의 대치되는 밸브를 플러그로 바꿔놓은 것 같은 형태이다. SOHC이면서 로커 암을 1개만 써서 30°라고 하는 밸브 협각을 실현하고 있다.

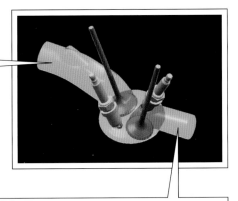

점화시기와 노킹억제효과

검은 선이 1플러그 점화, 발간 선이 2플러그 동시점화. 2000rpm 전(全)부하운전에서 계측한 것으로, 2점 점화에 의해 점화시기가 1° 전후로 움직이고 토크는 6% 상승. 위상점화로 하면 토크는 1.5%가 더 향상되고, 노킹 발생 시점은 진각방향으로 많이 이동한다.

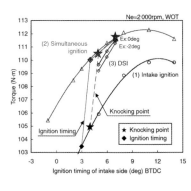

Ne=2 000rpm, WOT
(2) Simultaneous ignition
Ex:0deg
Ex:-2deg
(3) DSI
Knocking point
(1) Intake ignition
Ignition timing
★ Knocking point
◆ Ignition timing
Ignition timing of intake side (deg) BTDC

다점 복수회수 점화의 효과

[화염온도분포]
온도 높음 — 낮은
가시화 영역
배기 쪽 점화 / 배기 쪽 점화 / 골고루 화염이 전파 / 완전 연소상태

배기 쪽 점화를 늦춰도 온도가 높은 만큼 배기 쪽 연소가 먼저 진행된다는 것을 알 수 있다. 양쪽방향에서 연소가 확산하기 때문에 노킹이 발생하기 쉬운 연소실 끝부분의 미연소 가스 잔류가 적다. 연소시간은 동시점화에 비해 크랭크 각도에서 1.8° 빠르고, 당연히 냉각손실도 적어진다. 1500rpm·부분부하 조건에서는 BSFC가 1.3% 줄어들었다.

데 그 전에 배기 쪽 플러그를 점화하면 노킹의 원인인 미연소가스가 연소되기 때문에 노킹이 일어나지 않는다. 동시점화에서도 똑같이 생각할 수 있지만, 2플러그 동시점화와 위상점화에서는 노킹 발생 시점이나 발생 토크도 위상점화가 유리하다. 노킹 원인을 억제할 수 있게 되면서 L13A는 포트 분사인 NA엔진으로는 약간 높은 편인 10.8이나 되는 압축비를 얻게 되었다.

L13A는 후속 DOHC·L13B에게 바통을 넘겼지만 실린더 헤드는 1.5리터 블록으로 바뀌어 모터와 조합시킨 LEA형으로 존속했다. 후에 LEA는 형식명이 그대로 4밸브화되는데, 이 실린더 헤드에 장착되었던 VTEC장치는 흡기 2밸브 가운데 하나를 정지시켜 스월류를 발생시킨다. 스월을 발생시키기 위해 일부러 공기 유입량을 떨어뜨리는 것이다. 플러그가 줄어든데 따른 노킹 대책은 피스톤 형상의 개선과 냉각통로의

적정화로 대처했다고는 하는데, 최고출력 요구 이외에는 2밸브 i-DSI로 대응할 수 없었기 때문일까 하는 생각도 든다.

L13A의 강점인 연소 측면의 장점(=내연기관으로서 뛰어나다는 점), 즉 장치의 추가가 아니라 설계상의 개선으로 효능을 얻는다는 점은 비용도 싸다는 뜻이다. 예를 들어 최신 직접분사VTEC인 L15B와 비교하면 캠과 밸브의 수가 반(L13A는 SOHC)밖에 안 들어가고, VTEC의 작동에 필요한 복잡한 로커 암과 유압계통, 고가의 직접분사 인젝터나 고압연료 펌프도 필요 없다. 2플러그인만큼 점화플러그가 1개 더 필요하지만 앞서의 비용에 비하면 미미하다고 할 정도이다. 같은 효과를 얻을 수 있다면 비용은 낮은 것이 좋다.

어떤 메이커에서 들었던, 비용을 들이지 않고 지혜로 극복하는 것이야말로 기술의 사명이라는 말이 생각난다….

DETAILS
CYLINDER HEAD

(6)

디젤엔진의
실린더 헤드

가솔린엔진에 비해 구비해야 할 장치 차이가 크지는 않지만, 배치나 형상이 많이 다른 디젤엔진의 실린더 헤드.
왜 이런 차이를 보이는 것일까. 이스즈의 기술자들에게 질문해 보았다.

본문 : 만자와 류타(MFi)

디젤엔진에 대한 소박한 질문

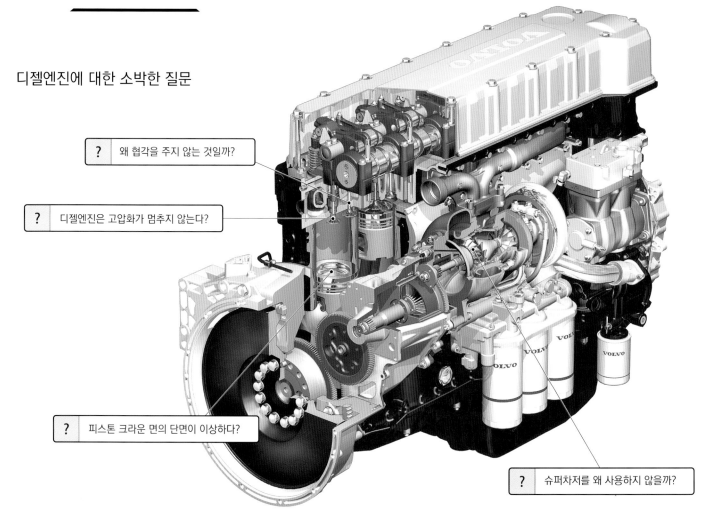

? 왜 협각을 주지 않는 것일까?

? 디젤엔진은 고압화가 멈추지 않는다?

? 피스톤 크라운 면의 단면이 이상하다?

? 슈퍼차저를 왜 사용하지 않을까?

커먼레일 시스템 하나로 가솔린엔진 한 대를 살 수 있다는 현대의 디젤엔진. 마쓰다 스카이액티브를 대표주자로 해서 압축비를 낮추려는 노력이 진행 중이지만, 가솔린 엔진에 비하면 여전히 높은 14 이상의 압축비와 튼튼한 구조가 특징이다. 압축비를 높게 하는 것은 실린더 내에서 공기를 단열(斷熱)압축해 고온으로 만들기 위해서이다. 모듈설계를 통해 가솔린과 블록설계를 같이 사용할 수 있는 장치도 등장했지만, 밸브 협각 제로+피스톤 크라운 면 쪽의 연소실이라고 하는 구조는 바뀌지 않는다. 왜 협각이 제로일까. 가솔린엔진보다 고압축비화(化)하지 않으면 안 되기 때문에 강도를 높여야만 하기 때문일까.

「결과적으로는 그렇다고 할 수 있죠. 엔진 크기, 상대적으로 봤을 때의 부품 크기, 지름 등으로 한정되기 때문에, 설계를 임기응변으로 하는 부분이 있습니다.」

그렇다는 것은 협각이 있는 엔진도 존재한다는 말일까. 이렇게 물어보았더니 이스즈에서도 2015년 말에 등장했던 1.9리터 터보디젤에는 협각을 주었다고 한다.

「배치구조 레이아웃 상으로 그렇다는 겁니다. 캠을 위로 2개를 넣었을 때 공간이 나오지 않더군요. 내경이 작아서 밸브를 넣었을 때 똑바로 내리면 캠을 돌릴 수 없기 때문에 밸브를 기울일 수밖에 없었죠. 그리고 분사계통인데요. 아무래도 4밸브 엔진에서 분사계통이 한 가운데 자리하면, 역시나 내경이 큰 엔진에 비해 상대적으로 분사계통이 차지하는 장소가 큽니다. 그러면 협각을 갖고 인젝터를 배치하면서 밸브도 4개를 배치해야 하게 되는 겁니다.」

장소가 없으니까 그렇다는 말이다.

「그렇습니다. 일부러 협각을 주었던 것은 아니란 말이죠. 어쩔 수 없었던 측면이 큽니다.」

배기량이 커지면 연소가 잘 된다는 말은 기술자한테서 몇 번이고 들었던 이야기인데, 장치를 배치하는데도 도움이 되는 것이다.

「시간당 출력증가는 쉽습니다. 그 다음은 좋은 연소라든가 최저 연비율을 낮춘다는 의미에서도 확실히 배기량은 큰 편이, 내경이 크고 천천히 회전시키는 편이, 연소되는 시간을 천천히 확보하는 편이 연소 상으로는 용이하죠. 배기량이 큰 편이 연소실 용적에 대한 표면적이 줄어든다든가 열손실이 줄어드는 등, 여러 가지 유리한 점이 있습니다. 다만 고부하 영역에서 운전하는 편이 연비율은 좋다는 사실도 또한 맞기 때문에, 그렇다면 똑같은 자동차를 운전했을 때 더 고부하로 운전하기 위해서는 배기량이 작은 쪽이 좋고, 다운사이징 개념도 맞다고 할 수 있겠

죠. 지나치게 되면 슈퍼차저가 필요하다고 할 수도 있고, 배기량이 너무 작아져도 도달할 수 있는 최저연비가 나빠지거나 열 손실이 커지는 등의 단점이 있을 수 있습니다. 반면에 너무 크면 이번에는 너무 저부하가 되어서 엔진 마찰이 커지게 되어 순항할 때의 연비가 나빠지는 폐해도 생각해 볼 수 있습니다. 적절한 지점이 있을 것으로 생각합니다.」

그리고 보니 자동차용 디젤엔진에는 슈퍼차저를 사용한 사례가 없다. 왜 그럴까. 어디까지나 상용차량용 대형엔진의 입장에서 그렇다면서 엔지니어가 다음과 같이 이야기해 준다.

「사실 과급은 하고 싶습니다. 슈퍼차저 구동을 크랭크축으로 할지 전동으로 할지를 정해야 하는 문제가 있지만, 그 에너지만큼 이상을 회수하

4개의 밸브 중앙부분에는 인젝터를 배치한다. 실린더가 여럿이면 이런 배치가 다닥다닥 늘어서게 된다. 이런 상태에서 포트가 끼어들고 그 주위에는 수로가 설치되고, 심지어 한 쪽에는 예열 플러그까지 장착되는 것이다.

다임러의 OM642는 흡배기 밸브에 약간의 협각을 주었다. 승용차용 엔진은 장행정 지향에 따라 지름이 작은 실린더로 만들고, 연소실 면적도 작아진다. 자연히 밸브트레인과 연료분사계통의 조화 때문에 협각을 갖게 된다.

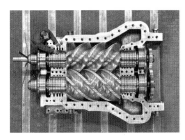

정치식 엔진 가운데는 사진과 같이 거대한 기계식 슈퍼차저를 갖춘 디젤엔진도 존재한다. 하지만 현재상태에서 자동차용으로 채택한 사례는 없다. 특히 대형용에서는 가격과 이점의 균형을 맞추기 어렵기 때문이라고 한다.

실린더 내의 연소온도를 낮춰서 NOx 발생을 억제하는 EGR 도입이 일반적인 오늘날, EGR 농도가 높을수록 연료의 착화성이 나빠진다. 해결을 위한 수단 가운데 하나가 더욱 고압화해서 분무를 미립화하는 것이다. 타고 남는 것이 적어지기 때문에 PM도 억제된다.

디젤이라는 것을 한 눈에 알 수 있는 특징적인 연소실은 고압으로 분사한 연료를 효율적으로 연소시키기 위한 것이다. 연료분사는 우산형상의 바깥 쪽 방향으로서, 피스톤의 오목한 곳에 모인 고온압축공기 내로 연소해 나간다. 즉 분사한 곳만 우묵하게 들어가 있는 것이다.

스월을 일으키는 것은 실린더 내에서 연료와 공기를 잘 혼합하여 양호한 연소를 얻기 위해서이다. 4밸브의 경우는 한 쪽을 닫거나 플랩 장비 등으로 발생시킨다. 다만 연료분사 성능이 높기 때문에 스월 필요성도 점점 낮아지고 있다고 한다.

지 못하면 에너지 손실이 되죠. 상용차량용 엔진은 어쨌든 연비를 중시하고 있습니다. 터보는 배기 에너지로 구동하기 때문에 그만큼을 회수할 수 있는데, 손실을 보면서까지 공기를 얻겠다는 것은 아니란 말이죠.」

그렇다면 전동 슈퍼차저는 어떨까. 원래 시스템 전압이 24V라 고압의 대형 상용차량에는 가능성이 높지 않을까 생각된다.

「연구는 하고 있습니다. 다운사이징을 했을 때의 저속 토크라든가, 힘껏 밟았을 때의 부스트 상승 같은 부분의 몫이 있는 것이죠.」

「디젤의 연소실은 부실(副室)방식에서 시작해 삼십 몇 년 전에 대형용은 전부 직접분사가 되었는데, 그때 이후 계속해서 피스톤 쪽에 연소실이 있는 방식이 보통이 되고 있죠. 때문에 지금의 밸브 역시 협각을 주지 않아도 되는 겁니다. 그래서 기본적으로 피스톤 쪽에 연소실이 있다는 점이 상당한 주안점이 있는 것이죠. 때문에 『왜 피스톤 쪽에 있느냐』는 질문을 받으면, 솔직히 말해서 우리도 입사했을 때도 그랬다고 하는 수밖에 없어요(웃음).」

디젤엔진에 있어서 직접분사라는 것은 연소개선에 그치지 않고 상상보다 훨씬 큰 전환점이었던 것이다.

「바로 위에서 우산형상으로 연료를 분사하여 가능한 전체를 균등하게 사용하려고 하면 아무래도 크라운 면이 좌우대칭이 되죠. 바로 아래로는 연료가 직접 가지 않으니까 거기에 공기가 있어도 쓸데없는 산소가 남기 때문에 그곳을 가능한 분무와 간섭하지 않도록 바깥쪽으로, 연료가 가는 방향으로 중심이 튀어나오게 되죠. 그럼 바로 아래로 분사하면 어떻게 되느냐면, 연구소에서 예전에 해보았죠. 밑으로 부딪치게 해서 퍼져나가는 것을요. 도저히 어떻게 할 도리가 없었지만 말입니다.」

실린더 중심부에 인젝터를 똑바로 배치하고 싶어 한다. 모든 것은 그런 요구로부터 밸브 배치구조나 연소실 형상, 포트 배치 등이 결정되고 있다. 루돌프 디젤 시대부터 면면히 이어져 온 기술혁신이 디젤엔진을 지금의 모습으로 만들어 놓은 것이다.

Pneumatic Valve Return System

[뉴매틱 밸브 리턴 시스템]

상용 2만rpm을 지향한 F1 엔진 전용 시스템

F1 엔진에서만 사용할 수 있는 밸브 시스템이 「뉴매틱」이다.
고속회전을 통해 출력증가를 지향하는 개발 속에서 등장해 업계표준이 되었다.
고속회전 엔진 시대는 종말을 고했지만 PVRS는 현재도 F1의 「표준」이다.

본문 : 세라 고타 사진 : 야마가미 히로야 / 오히라 히로유키/Ollie / 사쿠라이 아츠오 / 혼다

혼다 RA122E/B

PVRS를 처음 채택한 RA122E/B는
92년 시즌 중반부터 투입. 이전 모델의
V뱅크각이 V12로서는 정통적인 60도
였지만, RA122E/B는 75도를 적용. 고
회전 속도화를 추가할 때 PVRS는 내구
신뢰성 측면뿐만 아니라 관성중량을 줄
이는데도 도움이 되었다.

● 혼다 PVRS 1992 ver.

체크 밸브를 통해 실린더로 들어간 공기는 릴리프 밸브에서 배출된다. 오일을 이용해 공기 소비량을 억제하는 구조. 실린더의 압력을 치밀하게 제어하기 위해 밸브의 품질관리에 신경 썼다고 한다. 이 무렵은 아직 직타방식이었다. 로커 암은 02년의 RA002E부터 채택.

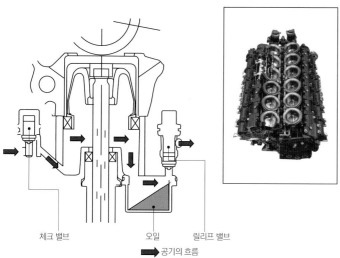

체크 밸브   오일   릴리프 밸브
➡ 공기의 흐름

● 혼다 PVRS 2005 ver.

실린더 아래쪽에 위치한 오리피스를 통해 공기가 출입한다. 오일을 없애서 마찰손실을 줄였을 뿐만 아니라, 실린더 헤드 내의 공기 통로를 삭감해 1kg이나 가볍게 했다. 로커 암에는 마찰손실을 줄이려는 목적으로 DLC 처리가 되어 있다.

PVRS

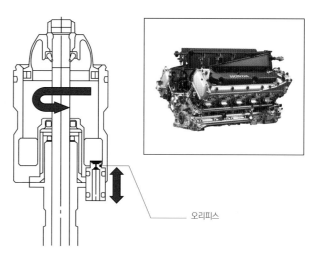

오리피스

「지금은 예전」같은 느낌이 전혀 없는 것도 아니지만, 예전의 F1 엔진은 무서운 기세로 고회전 속도화를 추구했었다. 2002년의 이탈리아GP에서 BMW는 「1만9000rpm의 벽을 돌파했다」며 특별히 언론에 알리기까지 했다(예선에서 1만9050rpm을 기록). 「2만2000rpm까지 회전시켰다.」고 선전하는 메르세데스의 주장이 못 미덥기는 했으나, 모든 엔진 컨스트럭터가 상용 2만rpm을 목표로 삼아 개발에 임했던 것만은 틀림없다. 하지만 고회전화 경쟁 시대는 07년에 종언을 맞는다.

이 해에 2.4리터·V8 자연흡기 엔진의 회전속도에 1만9000rpm이라는 상한선이 설정되었다. 개발비용과 성능향상을 억제시키려는 것이 목적으로, 09년에는 상한이 1만8000rpm까지 낮아진다. 그렇다 하더라도 비교대상이 없는 고회전 속도 엔진임에는 변함이 없어서 어떤 특수한 기술을 계속해서 사용하게 된다. 금속스프링의 역할을 「공기」로 바꾼 뉴매틱 밸브 리턴 시스템(PVRS)이 바로 그것이다.

1만8000rpm이라는 것은 캠축이 크랭크축의 절반 속도로 회전하는 것을 감안하면 1초당 150회전을 하게 된다. 캠에 의해 눌린 흡배기 밸브가 원래 위치로 되돌아가는 것은, 일반적으로 강철 코일 스프링의 복원력에 의해서이다. 그런데 1초 동안에 150회나 될 때는 빠른 움직임을 쫓아가질 못한다. 그것보다도 「관성질량이 줄어서 회전속도를 쉽게 올

릴 수 있다는 점. 거기에 철 스프링으로는 신뢰성을 확보할 수 없었다」는 것이 PVRS를 채택한 이유라고 혼다 엔지니어는 추억한다.

「강철 스프링으로도 1시간 정도는 작동시킬 수 있습니다. 하지만 레이스에서는 사용할 수 없죠. 뉴매틱을 적용함으로서 레이스에서 사용할 수 있는 기술이 되었던 것이죠.」

F1엔진은 회전속도 상한이 설정되면 병행해서 사용엔진 개수도 설정되는데, 00년에는 400km 전후면 됐던 엔진수명이 09년에는 2200km 전후까지 늘어났다. 내구성 측면에서도 PVRS는 필수였던 것이다.

이런 PVRS가 탄생한 배경에 있던 것은 고회전속도화에 대한 지향이다. F1엔진에 처음으로 PVRS를 채택한 것은 르노로서, 86년부터였다. 1.5리터·V6 터보인 EF15B이다. 최고회전속도는 1만3000rpm이었다고 전해진다. 이 엔진은 로터스, 리지에, 티렐에 공급되어 A세나가 몰던 로터스는 2승을 거두기도 한다.

83년부터 제2기 F1 참전활동을 펼쳤던 혼다가 PVRS를 채택한 것은 92년의 일로서, 3.5리터·V12 자연흡기인 RA122E/B에 탑재한다. 최고회전속도는 1만4400rpm으로, 전년에 비해 몇 백 회전의 회전속도를 상승시킨 수치였다.

공기와 오일을 넣고 뺐던 초기 PVRS는 오일에 불순물이 섞이지 않도록 하는데 주의했다고 한다. 아주 조그만 이물질이라도 들어갔다가 끼기라도 하면, 밸브가 계속 열려 있게 되면서 시스템이 기능하지 않게 되는 등의 고장을 유발하기 때문이다. 그 때문에 클린 룸에서 조립했다.

이 당시의 PVRS는 입구에 체크 밸브를, 출구에 릴리프 밸브를 장착한 구조였다. 체크 밸브로 공기가 들어가고 릴리프 밸브에서 공기가 배출된다. 실린더에 충전된 공기의 압력을 이용해 밸브를 리턴시키는 구조이다. 실린더에는 공기 소비량을 억제할 목적으로 오일이 들어가 있다. 레이스 중에 사용할 수 있는 공기 양은 머신에 탑재하는 봄베 용량으로 제약 받는다. 공기를 많이 소비한다면 그에 맞는 용량의 봄베를 탑재하면 되지만, 그렇게 되면 차체 패키징 측면이나 중량 측면에서도 부정적인 영향이 발생한다. 그래서 오일을 사용하는 것이다. PVRS의 실린더 내에 오일을 넣어 두고 릴리프 밸브에서는 공기보다도 오일을 먼저 배출하는 설계로 만들었다.

「실에서는 반드시 공기가 샙니다. 실린더의 압력을 관리하기 위해 샌 공기만큼 다시 공급하려면 소비량이 많아지기 때문에 탱크가 몇 개나 필요하게 되죠. 그래서 오일을 공급해 압력의 계산을 맞춘 겁니다. 그렇게 하면 최소한의 공기 소비량으로 PVRS를 성립시킬 수 있으니까요.」

공기를 소비한다면 계속 공급해 주면 되지 않겠냐는 생각으로 실행한 곳이 야마하이다. 89년부터 97년까지 F1엔진을 공급했던 야마하는 94년의 OX11B(3.5리터·V10)에서 처음으로 PVRS를 도입했다.

93년에 투입한 이 엔진은 비용효율을 높이기 위해 자드GV를 바탕으로 강철 밸브를 티타늄 밸브로 바꾸는 등, 시판엔진을 F1 엔진으로 다시 만든 것이었다.

PVRS를 채택한 것은 더 높은 회전속도를 지향하겠다는 판단이었지만, 야마하는 PVRS를 채택하는데서 오는 불가피한 「공기유출」에 대해 유출을 없애는 방향에서 생각했다고 한다. 그런데 유출이 일어나지 않게 하기 위해서는 정밀도 높게 설계·제조하지 않으면 안 되고, 당연히 비용도 비싸진다. 거기에 「유출이 되면 공급해 주면 된다」는 발상을 가져온 것이 자드였다. 모형용 엔진을 개조한 컴프레서를 캠축의 뒤쪽으로 구동해 공기를 공급하는 시스템을 제안한다. 「이거면 되겠네」하고 채택하기에 이르렀다.

00년부터 제3기 F1 참전활동을 시작했던 혼다는 잠시 동안 92년에 체크/릴리프 밸브 방식의 PVRS를 사용했다. 공기 소비량을 억제할 수 있다는 것이 이 장치의 장점이었지만 부정적인 측면도 있었다. 실린더 내의 오일이 밸브 리프트 때 교반저항을 일으키면서 마찰손실을 증가시켰던 것이다.

그래서 마찰손실과 공기 소비가 단절되는 장치를 개발하게 된다. J-Valve로 불린 장치로서, 05년의 RA005E(3.0리터·V10)에 도입한다. 오리피스 구멍 하나로 공기 공급과 배출을 하는 방식으로, 공기 소비량을 억제시키는 구조이다. 이와 동시에 오일이 고여 있어야 할 필요를 없앰으로서 3kW의 마찰손실을 줄일 수 있었다.

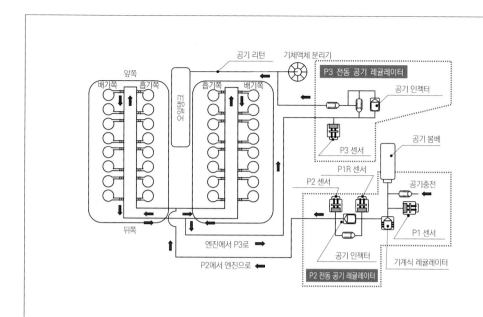

공기 리턴
기체액체 분리기
앞쪽
배기쪽　흡기쪽
트럼펫어
흡기쪽　배기쪽
P3 전동 공기 레귤레이터
공기 인젝터
P3 센서
뒤쪽
P1R 센서
공기 봄베
P2 센서
공기충전
엔진에서 P3로
P1 센서
공기 인젝터
P2에서 엔진으로
기계식 레귤레이터
P2 전동 공기 레귤레이터

혼다 PVRS 2005 ver.의 시스템 구성

공기 봄베에서 나온 공기는 일차 감압된 다음, 공급압력을 제어하는 레귤레이터에 의해 제어되어 엔진 쪽으로 공급된다. 출구 쪽에도 배출압력을 제어하는 레귤레이터가 설치되어 있다. 입구 쪽과 출구 쪽에 두 개의 전동 레귤레이터를 설치함으로서 압력을 가변적으로 제어하는 구조이다.

공기의 출입만으로 세트하중과 리프트 하중을 제어하지만 원하는 하중은 어떤 상황이든 일정하지 않다.

「회전속도가 높든, 낮든간에 스프링 하중이 똑같으면 마찰손실이 증가합니다. 때문에 회전속도가 낮은 영역에서는 스프링 하중을 낮게 하고, 높은 영역에서는 하중을 높게 하는 식으로 세밀하게 제어했었죠.」

회전속도에 맞춰서 하중을 변화시킬 수 있는 것은 PVRS이기 때문에 가능한 기능이다.

「밸브 트레인을 보호하려는 목적도 있습니다. F1엔진은 레이스에 들어가기 전 5분에서 10분 정도 아이들 조건이 있습니다. 그때 어떤 방법으로 부하를 낮추느냐가 중요했죠. 4000rpm 아이들에서 2만rpm까지 사이를 어떻게 보증할 것인가. 하중을 엄청나게 높이지 않으면 2만rpm은 도달되지 않고, 그렇다고 하중 그대로 공운전에서 회전시켰다가는 캠 면압이 너무 높아져 내구신뢰성에서 우려가 생기게 되죠.」

J-Valve의 경우 실린더에 오일이 들어가면 농도가 짙어져(choke) 파열하기 때문에 오일을 넣지 않는 스템 실 개발이 급선무였다. 즉 건식 접동이 필요했던 것이다. 다만 실 자체는 급유를 하지 않으면 눌러붙기 때문에 전용 통로를 만들어 신뢰내구성을 확보한다.

엔진시동을 건 직후에는 스템 실에 오일이 도달하기 어렵기 때문에 정해진 회전방법이 있고, 이 단계를 거쳐야 비로소 회전속도를 올릴 수 있다. 이런 식으로 PVRS를 운용하려면 섬세한 순서를 필요로 한다. 다만 기술적으로는 숙성되어 있어서 순서만 지키면 신뢰내구성에 관한 불안에서 해방된다(하지만 이 순서가 필요한 만큼 양산에는 적합하지 않다).

최고회전속도가 1만5000rpm으로 제한된 14년 이후의 F1엔진은 회전속도 측면에서는 코일 스프링으로 충분히 대응할 수 있지만, PVRS가 표준으로 자리하고 있다. F1엔진 제작자 입장에서는 많이 다루어서 익숙한 기술이기 때문이다.

← 공기 봄베

위 사진은 상한 1만8000rpm 시절의 2.4리터·V8 자연흡기 엔진을 장착한 브라운 BGP001(09년). 아래 사진은 상한 1만5000rpm인 1.6리터·V6 터보를 장착한 맥라렌·혼다 MP430(15년). PVRS에 사용하는 고압 공기를 저장하는 봄베가 보인다.

↑ 도요타 RVX09(2009년)

도요타는 CART에서 1만7000rpm을 능가하는 고회전속도를 달성한 적이 있다. 코일 스프링을 사용했었는데, 02년의 F1에 참전하면서 처음으로 PVRS를 도입한다. 실린더 헤드는 도요타 자체 제작으로, 공기실(室)을 하나로 주조했다.

Over Head Valve

[오버 헤드 밸브]

원초적 흡배기 장치의 변천과 현재

1970년대까지 4행정 엔진의 밸브 개폐기구라고 하면 OHV가 상식이었다.
장치가 등장한 이래 1세기 동안 독자적인 진화를 거치면서 DOHC가 당연시된 현재도 살아남아 있다.
손실도 있지만 이득도 있다. 예전 것이라고 일축하기에는 아까운 이 시스템에 대해 다시 살펴보겠다.

본문 : MFi

4행정 엔진에는 흡배기를 위한 개폐장치가 필요하다. 2행정 엔진 같이 실린더 벽에 구멍을 뚫어 피스톤으로 밸브의 역할을 대신하게 할 수는 없다. 1사이클 720° 가운데 압축과 팽창행정 약 360°는 실린더 안을 밀폐하고 나머지는 실린더에 공기를 넣거나 배기가스를 버리기 위한 「통로」가 열려 있어야 하기 때문이다.

크랭크축 회전속도의 절반의 속도로 회전하는 캠축을 사용해 흡배기 밸브의 타이밍을 제어하는 장치가 만들어졌을 때 먼저 치고나간 것은 사이드밸브 방식(SV)이다. 나중에 「플랫 헤드」라고 불리게 된 이 장치는 크랭크축 옆으로 캠축을 배치한 다음, 거기서 위쪽으로 봉(극단적으로 긴 밸브 스템)을 만들어 그 끝에 있는 밸브를 위쪽으로 개폐하는 방식이었다. 밸브가 실린더 바깥쪽에 있어서 흡기포트를 통한 공기가 밸브에서 연소실로 들어갈 때까지 짧지만 약간의 여행을 해야 한다. 바꿔 말하면 실린더 바로 위에는 실린더 내경보다 큰 공간이 펼쳐져 있다. 즉 내경에 비해 연소실이 너무 큰 것이다. 이래서는 압축비도 올릴 수 없고 화염전파도 느려서 연소는 당연히 완만해진다. 밸브는 실린더 옆에 있어서는 안 되는 것이다.

SV가 등장하기 전후로 부압으로 개폐하는 믿음직스럽지 못한 밸브 개폐장치나 로터리 밸브, 슬리브 밸브 등이 나타나지만, 밸브의 원활한 개폐나 밀폐성 측면에서 포핏 밸브(버섯 밸브로 불리기도 함)에는 확실한 우위성이 있어서 SV의 결점을 없애려는 시도가 펼쳐진다. 그런 가운데 지금도 GM의 브랜드로 이름을 남기고 있는 데이비드 D 뷰익이 1901년에 고안한 OHV방식이 등장한다. 봉(푸시로드)을 사용하는 것까지는 똑같지만, 그 봉을 실린더 위까지 연장시킨 다음, 거기서 로커 암을 사용해 방향과 움직임을 반전시킴으로서 SV와는 반대로 실린더 위에 아랫방향으로 밸브를 배치한다. 밸브가 실린더의 머리 위에 있기 때문에 머리 위 밸브=오버 헤드 밸브라고 한다. 뷰익이 생각해 낸 것은 로커 암

을 사용하는 것이다. 이것으로 밸브가 실린더를 향해 직접 돌출되기 때문에 연소실이 작아지고, 연소가 빨라지면서 왕복엔진은 비약적으로 고출력화된다. 동시에 뷰익이 의도했는지 아닌지는 명확하지 않지만 밸브와 포트, 연소실이 일체화된, 오늘날 말하는 「실린더 헤드」라는 시스템이 만들어진 것이다.

하지만 아직 부족한 부분이 있었다. SV나 OHV 모두 밸브가 수직으로 개폐하기 때문에 밸브 지름을 연소실 지름 이상으로 크게 할 수 없다는 점이다. 밸브 지름을 키우기 위해서는 밸브를 눕혀서 배치해야 한다. 그래도 부족하다. 흡배기 밸브를 옆으로 사이좋게 늘어놓아서는 밸브가 서로 달라붙기 때문에 이번에는 떨어뜨릴 필요가 있었다. 그렇게 하면 가스흐름도 벽에 부딪쳐 튀어나오지 않고 경로를 따라 원활하게 흐르게 된다. 카운터 플로우에서 크로스 플로로 진화한 것이다.

에르네스 앙리라는 프랑스인은 밸브지름을 확대하거나 크로스 플로우를 실현하는 빠른 수단은 OHV로 만지작거리는 것이 아니라, SOHC를 뛰어넘어 단숨에 DOHC로 가는 편이 좋겠다고 생각했다. 푸조는 다른 메이커보다 앞서서 1912년에 처음으로 DOHC 엔진을 개발한다. 하지만 DOHC는 보급되지 않았다. 이유 가운데 하나는 복잡한 기구에서 오는 비용과 제조적인 문제였다. 또 한 가지는 당시의 왕복동엔진의 롤 모델이었던 항공기용 방사형(radial) 엔진의 존재이다.

순차적(sequential) 엔진과 달리 방사형은 실린더와 헤드가 하나하나 독립되어 있기 때문에 DOHC 같은 경우 캠도 기통수의 2배가 필요하다(OHV라면 크랭크와 평행한 원반형태의 것이 하나). 심지어 크랭크에서 헤드 위의 캠으로 동력을 전달하려면 푸시로드가 아니면 체인이나 베벨기어를 사용해야 한다. 당연히 체인이나 기어도 실린더 수만큼 필요하게 된다. 그래서는 구조가 꽤나 복잡해질 분만 아니라, 공랭 엔진 같은 경우는 열에 의한 실린더 팽창(밸브 구동계통의 간극)과 냉각

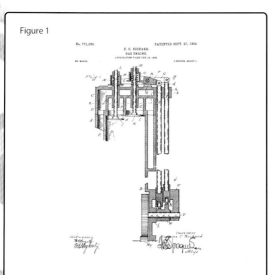

Figure 1

D. 뷰익이 만든 최초의 OHV

1902년에 출원된 OHV장치의 특허도면. 동료인 월터 마와 함께 개발에 관여한 유진 리처드 이름으로 출원되었다. 최초로 제작된 수냉 OHV 단기통 엔진은 내경5인치×행정6인치(약1930cc)에서 6.6ps를 발휘했다.

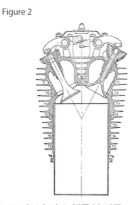

Figure 2

A.H 기브슨과 S.헤론이 만든 최초의 고정 방사형 OHV

제1차 세계대전 후 방사형 엔진은 실린더가 회전하는 로터리식에서 크랭크가 회전하는 고정식으로 바뀐다. 영국왕립 항공기관의 기브슨과 헤론이 1918년에 설계한 고정 방사형 엔진은 알루미늄 합금 헤드에 스템 가이드와 밸브 시트를 나사로 끼운 근대적인 크로스 플로우 OHV였다.

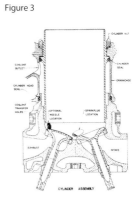

Figure 3

크라이슬러 XI2200의 헤미 헤드OHV

제2차 세계대전 종전 직전에 완성된 도립(倒立)V16 엔진. 반원형 연소실을 최초로 실용화한 엔진으로 알려져 P47전투기에 탑재한 다음 테스트까지 했다. 그 후 항공기용 엔진은 가스터빈이 주류가 되면서 OHV엔진의 진화는 정체되게 된다.

Figure 4

브리스톨 주피터VI

영국의 명인 엔지니어인 로이 펫덴이 설계한 전전(戰前)의 대표적 방사형 엔진. 흡기는 2단 2열 로커 암이고 배기는 끝 부분이 K자 같은 두 개의 로커 암으로, 각각 두 개의 밸브를 구동하는 4밸브 방식. 크로스 플로우이기는 하지만 밸브는 거의 직립해 있다.

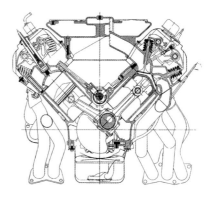

Figure 5

크라이슬러 426 HEMI

1950년에 데뷔한 FirePower 헤미엔진은 카운터 플로우로, 로커 암을 비스듬하게 배치해 약간의 밸브 앵글을 줌으로서 반원형 연소실을 실현했다. 제2세대 HEMI는 푸시로드를 실린더 바로 위를 향해 기울임으로서 로커 암 방향을 서로 다르게 해 크로스 플로우가 되었다.

문제를 해결하기가 어렵다. 때문에 공랭 방사형은 2000ps 이상이라도 OHV를 사용했다. OHV를 사용했지만 밸브 수를 늘리는 것은 간단했다. 1917년에는 코스모스사의 머큐리 엔진이 흡기2개·배기1개인 3밸브를, 1925년에는 후속 브리스톨 주피터가 4밸브 엔진을 조기에 실현했다. 물론 크로스 플로우이다.

여기까지 살펴본데서 알 수 있듯이 밸브 배치와 연소실 형상은 불가분의 관계에 있다. 방사형 엔진은 자동차용으로는 주역이 되지 못하고 순차적 엔진으로 발전하며, 심지어 전적으로 비용문제 때문에 OHV에 카운터 플로우, 쐐기형 연소실이라는 시대가 얼마간 이어진다.

흡배기가 한쪽 방향으로 늘어서는 카운터 플로우는 대량생산과 잘 맞았으며, 카운터 플로우에서는 연소실이 필연적으로 쐐기형이나 목욕통 형식이 된다. 하지만 이것들은 공기 흐름이 결코 원활하다고 할 수 없어서, 플러그를 중앙에 배치할 수 없기 때문에 연소도 불안정하고 노킹도

발생하기 쉽다.

북미의 크라이슬러는 이래서는 아무래도 출력이 나오지 않는다고 판단하고 반구형 연소실을 생각해 냈다. 가스를 밀폐시켜 태운다면 직사각형이 아니라 원형 상태에서 연소시켜야 한다고 생각한 것이다. 밸브는 헤드 위에 눕혀서 비스듬하게 마주보게 배치하고, 플러그는 연소실 바로 위에 오게 하는 반원형(hemispherical) 형식의 연소실은 1944년에 항공기용 V16 엔진에 탑재되어 등장했다. 전후 1950년에 Fire Power로 명명되어 승용차용으로 개발된 「HEMI」 엔진은 한때 중단되었다가 개량을 거쳐 1960대에 머슬카 붐의 주역이 되면서 나스카 레이스를 석권한다.

하지만 헤드 구조가 SOHC처럼 복잡했던 HEMI는 통상적인 OHV보다 가격이 비쌀 뿐만 아니라 푸시로드를 사용하는 이상, 고회전속도가 되면 로드가 공진하면서 밸브 스프링의 움직임을 따라가지 못하는 OHV

Figure 6

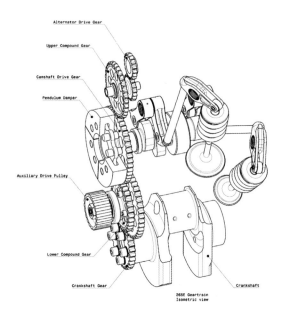

일모어 메르세데스 265E

전(前) 코스워스의 마리오 일리엔과 폴 모건이 설립한 일모어 엔지니어
링은 북미 CART시리즈용으로 2.65리터 DOHC·V8엔진을 제작한다.
1991년에는 메르세데스로부터 자본을 제공받아 F1에 진출한다. 265E
는 CART용으로 완전 새롭게 제작된 OHV엔진으로, DOHC에 대한 우
대장치가 할당되어 있었기 때문에 「스톡 블록」이라고 하는 OHV를 선
택한다. 내경97mm×행정58mm의 72˚V8·3.4리터. 푸시로드의 추
종성을 높이기 위해 캠 위치를 최대한 높였기 때문에 푸시로드는 짧
다. HEMI와 달리 2개의 푸시로드가 흡배기 각각의 로커 암을 움직인
다. 로커 암은 각도를 주어서 비틀리면서 2밸브는 대항 배치를 이룬다.
연소실은 다구형(多球型, 하트형이라고도 한다)에 소형. 밸브지름은
IN/52.5mm·EX/39.7mm로 상당히 크다. 최대부스트 3.45kg/m² 에
1만 회전 이상을 발휘해 1000ps를 능가하는 출력을 발휘하는, 사상최
강의 자동차용 가솔린(메탄올) OHV엔진이다.

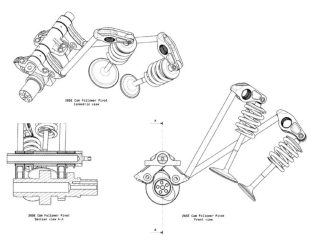

의 근본적인 약점을 극복하지 못하다가, 당시 유럽에서 꽃을 피웠던
SOHC 엔진 이전인 1970년 중반에 모습을 감추었다.

이 무렵에는 유입공기량의 증대, 급속연소, 냉각손실 저감, 밸브 운동
의 정확성 같이 4행정 엔진이 풀어야 할 과제에 일정한 해답이 나오
기 시작한다. 1967년에 등장한 코스워스 DFV가 그런 대표 사례로서,
DOHC·4밸브·소형 펜트루프형 연소실 같은 형태가 드디어 승용차에
까지 적용되면서 OHV는 역사의 뒤안길로 사라져간다.

그런 가운데 1994년에 어떤 돌연변이가 발생한다. 레이싱 엔진 제작자
인 일모어사(社)가 인디 레이스용으로 제작한 3.4리터 V8이다. 당시의
CART는 DFV에서 파생한 DOHC 2.65리터 터보·DFX의 원 메이크 상
태였지만, 규정상 OHV엔진이라면 배기량과 부스트 압력을 올리는 것
이 가능했다. 여기에 착안해 마리오 일리엔이 F1에서의 파트너였던 메
르세데스로부터 자금을 끌어들여 완전 새롭게 레이싱 엔진을 제작한 것

이었다. 부스트압 3.45kg/m² 일 때 1024ps을 발휘하는 이 엔진으로
알 앤서 주니어는 인디500과 시리즈를 제패하게 된다.

일모어 엔진을 예외로 치면, 세기말에 OHV는 미국이라는 거대한 갈
라파고스에 서식하는 그야말로 이구아나 같은 존재로 보였다. 하지만
2001년에는 크라이슬러가 돌연 HEMI 엔진을 부활시킨다. HEMI라고
는 하지만 순수한 반원형 연소실이 아니라 거의 펜트루프 타입의 크로
스 플로우·2플러그 OHV이다. 나아가 거인 GM은 한때 DOHC로 만들
었던 콜벳을 다시 OHV로 되돌리고는 직접분사 시스템을 탑재한 슈퍼
차저 사양의 플래그십 엔진을 세상에 내보낸다.

충돌안전규제 강화로 인해 어쨌든 승용차의 엔진 높이를 낮추려고 노력
중인 현재, 그리고 오로지 과급을 전제로 한 고속회전·고출력이 필요
없어진 현재, 작은 헤드에 구조도 간소한 OHV엔진이 어쩌면 최신 엔진
기술로 다시 태어날지도 모른다.

Figure 7

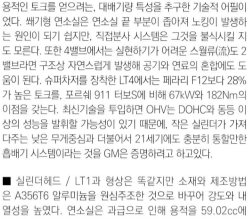

GM LT4 6.2리터 V8+SC

2104년에 등장한 GM의 스몰블록 V8 최신판은 직접분사 시스템을 채택해 주목을 끈다. OHV의 약점인 고회전 속도 영역을 추구하지 않고, 11.5(SC과급의 LT4는 10.0)나 되는 고압축비로 실용적인 토크를 얻으려는, 대배기량 특성을 추구한 기술적 어필이었다. 쐐기형 연소실은 연소실 끝 부분이 좁아져 노킹이 발생하는 원인이 되기 쉽지만, 직접분사 시스템은 그것을 불식시킬 지도 모른다. 또한 4밸브에서는 실현하기가 어려운 스월류(流)도 2밸브라면 구조상 자연스럽게 발생해 공기와 연료의 혼합에도 도움이 된다. 슈퍼차저를 장착한 LT4에서는 페라리 F12보다 28%가 높은 토크를, 포르쉐 911 터보S에 비해 67kW와 182Nm의 이점을 갖는다. 최신기술을 투입하면 OHV는 DOHC와 동등 이상의 성능을 발휘할 가능성이 있기 때문에, 작은 실린더가 가져다주는 낮은 무게중심과 더불어서 21세기에도 충분히 통할만한 흡배기 시스템이라는 것을 GM은 증명하려고 하고있다.

■ 실린더헤드 / LT1과 형상은 똑같지만 소재와 제조방법은 A356T6 알루미늄을 원심주조한 것으로 바꾸어 강도와 내열성을 높였다. 연소실은 과급으로 인해 용적을 59.02cc에서 65.47cc로 높여 압축비를 낮추고 있다. 흡기밸브는 지름 54mm의 중실 티타늄 합금제품이고, 배기 밸브는 지름 40.4mm의 소듐 봉입 타입이다. 캠축은 크랭크 각 116°의 가변 타이밍 장치를 가지며, 직접분사용 고압연료 펌프를 구동한다. 흡배기 모두 크랭크 각 189°에서 223° 사이에서 1.27mm의 양정을 유지하면서 과급에 따른 대량의 공기흡입을 보조한다. 푸시로드는 유압으로 상하 움직임을 취소하는 가변 실린더 시스템 AFM을 갖추고 있다.

■ 직접분사 시스템 / 연료압력은 20MPa, 1초 사이에 최대 25cc의 가솔린을 스프레이 가이디드(guided)로 분사한다.

■ 회전계통 / A1528MV 탄소강 단조제품의 크랭크축은 카운터 웨이트에 텅스텐강을 넣었다. 커넥팅 로드는 소결합금제품으로, 빅 엔드 분할부분을 독자적인 계단형상으로 가공해 강도를 확보한다. 피스톤은 알루미늄 합금단조. 톱 링에는 PVD 코팅, 세컨드 링에는 크롬도금, 플로팅 타입의 피스톤 핀에는 DLC가 처리된다. 냉각을 위해 8개 구멍의 오일 제트가 뚫려 있다.

■ 슈퍼차저 / 이튼제품의 4엽 R1740TVS를 장착. 증속비율은 3.10으로, 1회전에 1742cc의 공기를 공급한다. 최대회전속도 20150rpm에 0.62bar의 과급을 얻는다. 이를 통해 아이들링 때부터 619Nm의 토크를 확보하며, 2500~5400rpm이나 되는 넓은 범위에서 최대 토크의 90%에 해당하는 802Nm을 발휘한다.

실린더 헤드

캠축

로커암·밸브

피스톤·커넥팅로드

연소실

크랭크축

직접분사 장치

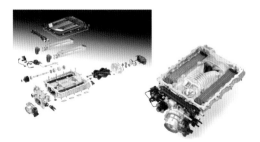

슈퍼차저 **배기 다기관**

SPECIALS CLYLINDER HEAD

Desmodromic

[데스모드로믹]

정통처럼 보여도 정통은 아닌, 「아주 이상하고」 파란만장한 밸브 장치

밸브 스프링을 사용하지 않고 메커니즘을 통해 강제적으로 밸브를 개폐하는 시스템인 데스모드로믹은 자동차용 엔진의 초창기부터 떠올랐다가는 사라지고, 사라졌다가는 나타나는 희한한 밸브 장치이다.
두카티 오토바이를 제외하고는 일반시판 차량에 사용된 적이 없었던 아지랑이 같은 기술의 1세기를 추적해 보겠다.
본문 : 사와무라 신타로

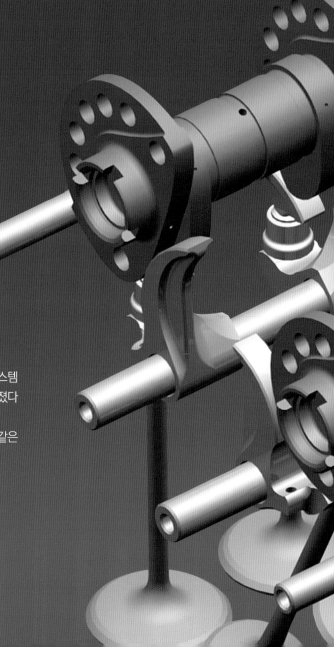

– 밸브를 움직이는 기계장치 –

Desmodromic, 이 단어는 그리스어인 desmos(연결 동작하다)와 dromos(행정)의 합성어이다. 데스모드로믹으로 발음하면 왠지 싸늘한 느낌이 들지만, 번역해 보면 무미건조한 느낌의 확동(確動) 캠(positive cam)이다. 덧붙이자면 캠축은 왜륜(歪輪)이라고 한다. 캠축으로 인해 움직여지는 밸브는 엔진 초창기에는 슬라이드 방식이나 로터리 방식 등 여러 종류가 있었지만, 지금은 가늘고 긴 축 끝에 우산 모양 같은 둥글고 넓은 형태의 것으로, 영어로는 poppet(조종 인형) valve라 하고 예전에는 버섯밸브라고도 했다. 버섯이기 때문에 스템은 밸브 줄기에 속한다. 거짓말이나 그냥 하는 말이 아니다. 왜륜(歪輪)은 에도시대의 조종 인형의 메커니즘을 해설하는데 사용했던 용어이다. 버섯 밸브란 말은 도미즈카 기요시 선생의 책에서 본 적이 있다.

다시 데스모드로믹 이야기로 돌아가 보자. 이것은 어떤 기계일까.

오늘 날 우리들이 밸브 장치라고 했을 때 떠올리는 것은 다음과 같은 그림일 것이다.

밸브 스템을 둘러싸듯이 코일 방식의 밸브 스프링이 덮여 있다. 스템의 끝에는 원반이 끼워져 있어서 이것이 리테이너(스프링 받이)가 된다. 이 밸브기구들은 사실 헤드 안에 들어가 있고, 우산 부분은 코일 스프링에 의해 연소실 윗면에 단단히 눌려 있다. 조립공정에서의 순서는 반대라고, 밸브를 연소실 쪽에서 헤드에 삽입해 놓고 코일을 누르고 나서 리테이너(cotter)를 고정할 것이라고는 생각하지 않길 바란다. 나 역시 엔진 조립 정도는 해 본 적이 있다. 이런 식으로 쓰는 것이 밸브 주변의 기구와 각각의 부품 기능을 이해하기가 쉽기 때문이다.

이렇게 밸브 스프링에 의해 연소실 윗면에 단단히 착좌한 밸브는 회전하는 캠 노즈에 의해 눌려서 내려간다. 우산이 연소실로 뛰어드는 형태이다. 이때 생기는 틈새가 흡배기의 통로가 된다. 또한 우산의 외주와 밸브가 내려간 거리를 곱해서 산출한 것을 커튼 에어리어(Curtain area)라고 한다. 커튼 에어리어가 적으면 통풍이 나빠진다. 설계이론상으로는 양정을 우산 지름의 1/4만큼 확보하면 우산의 면적과 커튼 에어리어 면적이 기하학적으로 일치한다고 하지만, 공기는 질량이나 점성도 있기 때문에 1/4 이하가 바람직하다고 할 수 있다.

여기서 첨언할 것은 직타식 DOHC의 경우 캠 면이 스템을 직접 누르면 상처가 나기 때문에 컵 형상을 한 태핏으로 스템 끝을 덮는다. 로커 암을 매개로 하는 DOHC나 SOHC라면 태핏이 필요 없다. OHV의 경우는 캠이 아래쪽이기 때문에 거기서 푸시로드(돌출 봉)를 매개로 해서 로커를 움직인다. 즉 오래된 형식일수록 장치가 번잡한 것이다. 그래도 콜벳이 OHV를 유지하는 것은 공학적 이득 때문이 아니라 OHV가 아니면 잠재고객이 관심을 갖고 사주지 않기 때문이다. 그래서 GM의 엔지니어들은 OHV 상태에서 직접분사를 접목하거나, 결국에는 푸시로드나 밸브를 티타늄으로 만드는 방법으로 필사적으로 출력을 끌어올림으로서, DOHC 4밸브를 한 포드 V8(지금은 전통의 미국산 V8을 포기하고 180° 위상의 크랭크로 바뀌었다)을 이기려 하는 것이다.

그렇다면 이런 느낌의 밸브 트레인으로 만들어진 엔진을 갖고 성능을 내려면 어떻게 하면 좋을까. 서양숭배의 독일인 콤플렉스라는 중증 질환에 걸린 몇몇 사람들이 근래 「엔진은 토크다」 따위로 물리 교과서를 무시한 허언을 마구 늘어대고 있는 것 같은데, 엔진의 능력이란 필요로 하는 출력이다. 토크라는 것은 질량×움직인 거리로 나타내는 일량으로, 그래서 kg·m인 것이다. 그리고 여기에는 시간개념이 없다. 같은 무게를 같은 거리만큼 움직였다고 했을 때, 그것을 신속하게 1초에 끝냈을 때와 천천히 하루 동안에 하는 것에는 사용한 능력치가 달라진다. 때문에 일량을 시간으로 나눈 일률이 능력을 재는 단위가 되는 것이다. 예를 들면 kg·m/s라는 것이다. 그리고 75kg·m/s가 1마력(ps)이 된다. 여기서는 ISO표기를 사용해 토크는 Nm으로, 마력은 kW로 표기 하겠지만, 어떤 느낌으로는 예전 단위가 착각을 일으키지 않아서 좋다는 생각도 든다.

– 밸브가 정확하게 움직이지 않는다 –

그것은 그렇다 치고 엔진의 능력은 그것을 최고로 발휘하는 출력으로 판단하는 것이 맞다. 마력은 토크×회전수(rpm)÷716이다. 하이브리드가 아닌 자동차의 엔진은 공회전 정도의 저회전속도부터 회전한계 영역까지 다양한 회전속도로 운전되기 때문에, 최고출력을 확실하게 발휘하지 않는 상태라도 토크가 두터운 편이 좋은 것만은 확실하다. 그렇게

다양한 밸브 개폐 제어

Figure 1 코일 스프링을 사용한 밸브 시스템

1911년 파이트 S61·10리터 직렬4통

Figure 2 헤어핀 스프링을 사용한 밸브 시스템

1958년 반월 254·2.5리터 직렬4기통

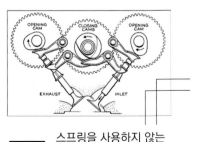

Figure 3 스프링을 사용하지 않는 밸브 시스템

1956년 두카티 125·0.125리터 단기통

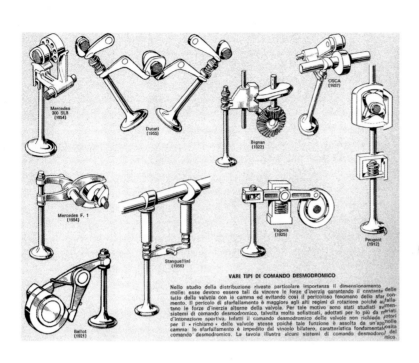

VARI TIPI DI COMANDO DESMODROMICO

Nello studio della distribuzione riveste particolare importanza il dimensionamento molle: esse devono essere tali da vincere le forze d'inerzia garantendo il contatto delle tutto della valvola con le camma ed evitando così il pericoloso fenomeno dello sfarfalla-mento. Il pericolo di sfarfallamento è maggiore agli alti regimi di rotazione poiché au-tano le forze d'inerzia alterne della valvola. Per tale motivo sono stati studiati svariati sistemi di comando desmodromico, talvolta molto sofisticati, adottati per lo più da fallari d'intonazione sportiva. Infatti il comando desmodromico delle valvole non richiede motori per il «richiamo» delle valvole stesse poiché tale funzione è assolta da un'appositi camma: lo sfarfallamento è impedito dal vincolo bilaterale, caratteristica fondamentale del comando desmodromico. La tavola illustra alcuni sistemi di comando desmodromico.

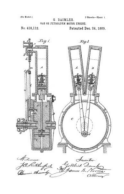

Figure 4

다임러의 V트윈

1886년에 제작된 사상 최초의 다기통 엔진. 배기는 사이드 밸브에서 이루어지지만 흡기는 크랭크 케이스에서 피스톤에 설치된 밸브를 경유하는 구조이다.

Figure 8

노튼 맥스350

메르세데스의 데스모드로믹을 바탕으로 발전시킨 노튼의 데스모드로믹은, 밸브를 여는 것은 캠을 통한 직동, 닫는 것은 로커 암으로 하던 제어를 각각의 전용 캠을 통해서 하는 대규모 시스템이다.

되면 출력 커브도 전체영역에서 솟아올라 평평해지고, 가속 시간은 줄어들지만 이것은 어디까지나 최고출력이 제대로 나온다는 것을 전제로 한 이야기이다. 따라서 최고출력을 깎아내 저·중회전속도의 토크를 끼운 다운사이즈 과급엔진을 속도가 나지 않는 실용적 차량에 장착하는 동력원으로 삼는다면 이해가 가지만, 자동차 공학의 정수를 다투려고 하는 고매한 정신의 자동차에는 어울리지 않는다.

이런 이유로 엔진은 출력이고, 연소에 관한 기술수준이 똑같다면 출력은 회전속도로 높일 수 있다. 따라서 엔진이 탄생한 19세기 이래 기술자들은 엔진을 1rpm이라도 더 빨리 회전시키려고 노력해 왔다. 높은 속도로 회전시키려는 도전이야말로 엔진을 고성능화해 온 역사였다.

그렇다면 고회전속도화를 방해하는 것은 무엇이었을까.

피스톤의 무게. 링이나 측면에서 일어나는 마찰. 크랭크축의 비틀림 공진. 그 베어링의 정밀도. 점화계통의 능력. 흡기의 물리적 특성도 고회전속도화를 방해한다. 공기는 음속보다도 빨리 움직일 수 없다. 때문에 피스톤 속도는 각 요소기술이 진보한 21세기 현재에서도 25m/s를 넘는다 하더라도 의미가 없는 것이다. 하지만 연소나 피스톤, 크랭크 주변의 기술이 나름대로 발전한 20세기 중반 무렵, 고회전속도화에 대한 제약의 대표주자는 밸브 트레인이었다.

처음에 썼듯이 밸브는 밸브스프링에 의해 자리에 위치해 있는 것을 캠 노즈가 눌러서 열리게 한다. 그리고 캠 노즈의 정점이 지나간 시점부터 되돌아오기 시작해 마지막으로 착좌한다. 이때 캠이 누르는 작용이 급하고 심해서 그 가속도를 밸브스프링이 원활하게 누르지 못하거나 하면 밸브가 타성에 밀려 튀어나간다. 튀어나간 밸브가 가령 피스톤과 충돌하지 않는다 하더라도 이번에는 돌아올 때도 타성이 강해 자리와 충돌하게 된다. 심지어는 튕기면서 다시 튀어나갔다가 돌아온다. 이렇게 밸브가 춤추는 것을 막으려면 밸브스프링의 정수를 높이면 된다고 생각하는 것은 어리석은 생각이다. 밸브스프링 정수가 너무 높으면 밸브를 누르는 에너지가 커지게 되어 모처럼 생성된 출력이 여기에 소비된다. 가령 밸브스프링 정수의 이런 약한 상태와 강한 상태 중간의 적정한 지점을 잘 찾아냈다 하더라도, 이번에는 밸브스프링 자체의 괘씸한 움직임이 나오거나 한다.

밸브스프링이란 밸브 기능을 수행하기 위해 형상을 갖춘 금속으로, 전체적으로는 탄성변형률인 스프링 정수와 자체무게 관계로 인해 일정한 고유진동수를 갖는다. 그리고 캠 노즈에 의해 밸브스프링이 신축할 때 주파수 성분이 고유진동수에 가까워지거나 하면 매우 큰일이다. 공진을 일으키게 되는 경우가 있기 때문이다. 공진이 일어나면 진동이 멋대로 증폭하거나, 거기까지 안 간다 하더라도 기대하는 스프링정수를 얻지 못하게 되면서 밸브가 부정(不整)운동을 일으키기 시작한다. 이것이 소위 말하는 밸브서징이다. 춤추는 정도라면 괜찮지만, 응력이 과도하게 집중되어 부러지거나 하기 때문에 무서운 것이다.

이 서징이 일어날 확률은 엔진을 고속회전용으로 만들어 밸브를 빨리 움직이게 할수록 높아진다. 출력을 높이기 위해 엔진을 고속회전시키려는 계획을 세울 때, 밸브스프링 서징은 영화 록키 속에서 이탈리아의 종마 록키의 도전을 여유롭게 받아들이는 아폴로처럼 난공불락의 적이었다.

하지만 록키에게 여주인공 에이드리안이 있었듯이 왕년의 엔진 기술자에게도 도우미가 있었다. 코일이 아닌 형식의 스프링이 그것이다.

밸브스프링을 코일 방식으로 했을 경우, 이 코일은 앞에서 언급했듯이 배치된다. 위를 리테이너가 아래를 헤드가 누르게 되는데, 양쪽 다 고정된 것이 아니라 기본적으로 이 코일은 자유진동을 한다. 자유이기 때문에 공진을 일으키기가 쉬운 것이다. 하지만 한 쪽이 헤드에 고정되고,

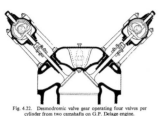

Fig. 4.22. Desmodromic valve gear operating four valves per cylinder from two camshafts on G.P. Delage engine.

Figure 5

드라쥬의 데스모드로믹

1912년의 푸조 L3는 최초의 DOHC로 알려져 있지만, 거기에 사용된 데스모드로믹은 드라쥬의 Arthur Michelat가 디자인한 것이다.

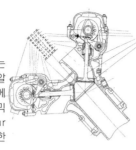

Figure 6

OSCA (마세라티 372DS)

두카티의 탈리오니가 설계한 데스모드로믹은 마세라티 형제가 설립한 OSCA에 의해 F1 진출이 계획된다. 그와는 별도로 OSCA가 독자적으로 설계한 데스모드로믹은 SOHC 방식이다.

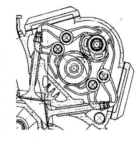

Figure 7

아리엘을 개조한 시험제작 데스모드로믹

엔지니어 겸 기술자인 론 가드너가 아리엘의 단기통 엔진을 바탕으로 만든 이질적인 데스모드로믹. 캠이 스파이더를 매가로 핑거 롤러를 작동시킨다.

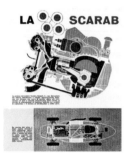

LA SCARAB

Figure 9

메르세데스 벤츠 M196

GP카 W196과 300SLR에 사용된 데스모드로믹은 1952년부터 연구개발이 시작되어 1954년에 특허를 취득. 로커 암 하나로 양쪽을 개폐한다.

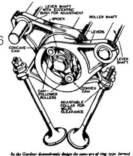

Figure 10

스크라베 F1

1960년 1시즌만 F1에 참가한 스카라베의 2.5리터 직렬4기통 엔진은 거의 메르세데스의 복제라 할 수 있는 데스모드로믹을 탑재했지만, 항상 밸브계통의 고장에 애를 먹었다.

Figure 11

BMW R1

1989년에 개발이 시작된 프로토타입 슈퍼바이크의 복서 엔진. BMW는 이 이전에도 SOHC·2밸브와 4밸브의 데스모드로믹을 시험제작했다.

다른 한 쪽을 스템 끝이 감싸는 토션 바 형태나 헤어핀 형태의 스프링이라면 공진에서 서징으로 이어질 위험성이 크게 줄어든다. 그래서 다른 요소에 대한 목표가 서고 드디어 마음먹고 회전출력을 추구하려고 시작했던 제2차 세계대전 후인 1950년 전후, 같은 배기량으로 기통 당 체적이 작아지는 V12를 가져와서는 레이스 계를 평정하기 시작한 페라리의 밸브스프링은 헤어핀 방식이었다.

- 데스모드로믹의 시대 -

그런데 헤어핀 방식 스프링은 고정하는 스템이나 헤드 쪽으로 똑바로 뻗은 부분에 굴곡이 있거나 해서 스프링정수를 정확하게 정하기가 어렵다. 또한 토션 바는 강선(鋼線)의 전체길이가 짧기 때문에 응력이 잘 모여 이상발생(소성변형)이나 파손 위험이 크다. 그래서 다른 해결책이 없을까 하고 모두가 찾기 시작한다. 그러다가 옛날의 엔진기술, 고고학 박물관에서 먼지를 털어내고 찾아낸 것이 바로 데스모드로믹이었다.

내리밀 때는 회전하는 캠 노즈의 신세를 지지만 돌아올 때는 캠 노즈의 손을 빌리지 않고 밸브스프링의 힘으로 맘대로 돌아오는 것이 보통의 밸브 트레인이다. 그런데 데스모드로믹은 돌아올 때도 캠 또는 그와 기계적으로 연동된 구조에 의해 강제적으로 움직인다. 다른 것에 의존하지 않고 캠이 정확하게 되돌아와 밸브를 착좌시키기 때문에 확동 캠이라고 부르는 것이다.

이런 메커니즘 구성에는 몇 가지 종류가 있다. 가장 많은 것이 2종류의 로커 암을 사용하는 것이다. 한 쪽은 보통의 로커와 마찬가지로 밸브를 내리밀듯이 작용하지만 또 다른 한 쪽은 끌어올려 착좌시키듯이 기능한다. 이 2개의 로커를 각각을 위해 준비한 캠으로 움직이게 하는 것이다.

오토레이스 세계선수권에 도전하던 1956년의 머신에 데스모드로믹을 적용한 이후 데스모드로믹이 회사의 대명사가 된 감이 있는 두카티가 대표적 사례이다. 두카티의 데스모드로믹 처음 작품은 오트레이스 세계선수권에 도전하던 1956년의 머신으로, 이때는 흡기 쪽과 배기 쪽의 각각의 내리미는 로커는 밸브 바로 위에 배치한 1개씩의 캠축으로 움직이고, 끌어올리는 로커는 흡배기 모두 좌우 캠 사이에 위치한 3번째 캠축으로 하는 설계였다. 그 후 두카티는 밀려오는 일본제품에 대항하기 위해 68년부터 시판차량에도 데스모드로믹을 채용하게 된다. 이때는 흡배기에서 실린더 바로 위 1개의 캠축에 4개의 로커를 배치한 다음, 이 캠축에 설치된 4개의 캠 노즈가 움직이는 구성을 하고 있었다. 4밸브 같은 경우는 포르쉐가 1962년형 F1 머신이었던 804용 공랭 플랫8에서 파생된 771형 장치부터, 더블 캠축 4로커로 구성된 데스모드로믹을 채택했다.

같은 F1 머신이라도 내리미는 쪽은 직동으로 하고, 끌어올릴 때만 로커와 전용 캠 노즈를 사용한 것이 메르세데스 벤츠의 1954년형 F1 머신 W196에 장착했던 직렬8기통이다. 이 직렬8기통은 300SLR에도 탑재되어 50년대를 대표하는 초고성능 엔진으로 군림한다. 그런 이 엔진의 기술적 특징으로 명성을 높인 것이 디젤의 기술을 전용한 실린더 내 직접분사로서, 밸브 트레인에도 확동 캠을 사용하는 전위적 테크놀로지의 야심만만한 작품이었던 것이다.

캠축을 흡기와 배기가 아니라 내리밀고 끌어올리는 2개의 축으로 분리한 것이다. 이런 설계를 한 것은 두카티의 개발주임이었던 파비오 탈리오니였다. 조르쥬 모네티와 레오폴드 폴디노 탈타니라고 하는 워크스 라이더 두 사람이 막 1.5리터 규정으로 바뀐 F1에 참가하기 위해 기획한 것이 V80이었다. 밸브 트레인은 캠 축이나 로커 암 모두 각각 위아래로 2중으로 되어 있다. 위쪽이 내리밀고 아래쪽이 끌어올린다. 위와 아래에서 멋지게 대상을 그리는 헤드 단면도는 고대 그리스나 로마의 문양만큼이나 아름답다.

하지만 회사에서는 이들의 F1 참전을 막는다. 이 엔진을 아까워한 존 서티스가 쿠퍼 또는 로터스의 섀시에 탑재하려고 교섭했지만 두카티는 이마저도 거부한다. 한편 기획했던 모네티와 탈타니는 마세라티 형제가 주재하던 OSCA(Officine Specializzate Costruzioni Automobili)에 제안하고는 탈리오니 엔지니어가 개량한 밸브 트레인 설계를 이용해 실험 시작품을 만든다. 기록에 따르면 1.5리터 V8은 1만2000rpm까지 부드럽게 돌았다고 한다. 그 OSCA 자체도 59년에 캠 한 개로 로커 두 개를 구동하는 데스모드로믹 밸브의 직렬4기통을 만든다.

한편으로 영국의 노튼은 캠축이 4개나 되는 무거운 설계를 한다. 이것은 내리미는 것은 직타로 하고 끌어올리는 로커를 사용하는 방식으로, 각각의 흡배기용으로 1개씩의 캠축을 할당한 것이다.

이런 상태로 50년내부터 60년대에 걸쳐 데스모드로믹은 국지적이기는 하지만 기술적 트렌드가 되었다. 그리고 이런 트렌드는 2륜 오토바이가 됐든 4륜 자동차가 됐든지 간에 소배기량의 자연흡기에서 높은 출력을 지향하는 레이스용 엔진 세계가 중심이었다. 이 무렵의 데스모드로믹은 고속회전 엔진의 솔루션 가운데 하나로 여겨졌던 것이다.

– 밸브구동 시행착오 –

하지만 이것보다 반세기 전인 자동차 초창기에 출현했던 데스모드로믹은 목적이 약간 다른 것처럼 보인다. 여기서 다시 데스모드로믹의 역사를 뒤돌아 보기로 하겠다.

역사상 첫 흔적은 1896년에 라이프치히에 살던 구스타프 미스가 남겼다. 그는 캠축에 끼운 원반에 홈을 파고는, 그 홈에 돌기를 끼워서 매다는 부속품을 스템 정점과 연결한다. 홈은 부속품 별로 밸브를 올리거나 내리는 형태로 파여 있었다. 다만 미스는 이런 시스템을 고안하고 도면으로 그려서는 특허를 취득하는 것으로 끝났다.

그런데 사실은 그 전에 데스모드로믹 가동기가 완성되었었다. 다임러가 1888년에 만든 V형 2기통이다. 이 엔진은 연소실이 옆으로 뻗어 있고 피스톤 바로 윗부분은 평평한, 소위 플랫 헤드이다. 이 뻗은 부분의 아래쪽에서 배기밸브가 끼어들어온다. 흡기밸브는 피스톤 중앙에 파인 구멍으로 들어가고, 흡기공정에서 피스톤이 내려갈 때 자신의 관성으로 밸브를 열고는 크랭크 케이스로부터 새로운 공기를 흡입한다. 배기밸브는 크랭크가 구동하는 푸시로드가 상하운동을 담당한다. 배기 쪽뿐이기는 하지만 분명히 데스모드로믹이다.

그 후 20세기에 들어가자 오스틴의 선박용 엔진(1910년) 등에 채택한 사례를 볼 수도 있지만, 특히 유의해야 할 것은 1912년의 푸조의 경기용 직렬4기통이다. 사상 최초의 DOHC 4밸브 엔진으로 알려진 이 엔진

Figure 12

파비오 탈리오니(1920~2001)

로마냐의 조그만 정비공장에서 젊은 E·페라리와 T·누볼라리와 서로 알게 된 탈라오니는 1953년부터 베벨이나 L트윈 그리고 데스모드로믹으로 상징되는 두카티의 독창적인 엔진을 계속해새 개발한다. 사륜에서 데스모드로믹을 기술적으로 확립시킨 것은 메르세데스 벤츠이지만 2륜 세계에서의 데스모드로믹을 말할 때는 바로 탈리오니가 설계한 것을 가리킨다.

Figure 13
125단기통(1956)

크랭크로부터 베벨기어나 중앙의 캠으로 전달된 동력은 기어를 통해 좌우의 캠으로 배분된다. 중앙의 캠은 흡배기를 닫는데 사용되고, 좌우의 캠은 각각 흡기와 배기를 전용으로 연다.

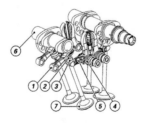

Figure 14
데스모콰트로(1987)

오랫동안 공랭 SOHC 2밸브를 사용했던 두카티의 데스모드로믹은 1987년에 수냉 DOHC 4밸브로 진화한다. 밸브 위치를 유지하기 위해 헤어핀 스프링을 같이 사용하고 있다는 점도 주목할 만하다.

Figure 15
데스모세디치(2002)

2002년부터 4행정 990cc로 경쟁하게 된 2륜GP에 두카티는 데스모를 채택한 V4로 참전한다. L트윈 병렬·핀을 공용하는 동폭(同爆)엔진인「Twin Plus」도 실험했다.

의 밸브 트레인은 스템 끝에 사각 테두리 형태의 부자재를 끼우고 그 안쪽에서 캠축이 회전하는 방식이었다. 캠 노즈는 내리미는 것과 끌어올리는 것을 각각 따로 준비해 놓고, 밸브는 여는 캠은 테두리의 바닥 면을 내리밀고, 밸브를 닫는 캠은 테두리의 위쪽 면을 밀어서 올린다. 엘네스트·앙리가 설계한 이 직렬4기통은 이밖에도 옵셋 크랭크 등과 같은 놀랄만한 기술까지 적용하지만, DOHC 4밸브가 데스모드로믹이라는 사실과 마찬가지로 제대로 알려지질 못했다.

다른 상황에서는 1923년에 피아트가 경기차량 801용으로 만든 최초의 DOHC 엔진이 눈길을 끈다. 이것은 홈을 낸 통(筒)을 스템에 씌우고는 그 통을 크랭크로부터 기어로 구동시킴으로서 스템과 동일한 축으로 회전운동을 시키는 방식이다. 스템에서는 좌우 팔이 수평하게 뻗어 있어서 통의 회전으로 홈이 움직여 밸브를 열고 닫는다. 비슷한 시기에 프랑스에서는 비그넘이 수직의 회전축에 끼운 경사판 가장자리로 밸브를 위아래로 움직이게 하는 장치를 만들기 시작한다.

1920년대까지의 이들 데스모드로믹을 다시 살펴보면 밸브스프링의 움직임을 운운하기보다도 오로지 확실하게 밸브를 위아래로 움직이게 하는 것에만 신경 써서 창안한 것처럼 보인다. 스프링 고유진동수 뿐만 아니라 정확하게 정수를 산출하거나 생산하는 기술조차도 갖추어지지 않은 상태에서, 밸브구동을 스프링에만 의존하지도 못했던 당시 기술자들의 고뇌가 느껴지는 것 같다.

그도 그럴 것이 이들 왕년의 데스모드로믹에는 코일 방식이나 헤어핀 방식의 밸브스프링을 같이 사용하는 경우가 적지 않았기 때문이다. 앞서의 푸조 DOHC 4밸브 장치가 그렇다. 초기모델에서는 데스모드로믹 뿐이지만 개량형에서는 스템을 둘러싸듯이 코일 스프링을 배치하고 있다. 데스모드로믹 기구나 밸브스프링 양쪽 다 신용하기는 어려웠던 레이스용 고속엔진(최고회전 2200rpm 정도뿐이기는 하지만)을 무사하게 운전시키려면 양쪽을 다 채택하는 식으로 보험을 걸어두고 싶었던 것인지도 모른다.

그리고 30년대에 들어와 일부 바이크용을 제외하고 4륜차량 엔진 세계에서부터 데스모드로믹이 홀연히 사라진다. 아마도 전투력 향상을 원하는 요구로 인해 급격하게 고속화해 나갔던 항공기용 엔진에서의 피드백도 있었을 것이다. 밸브스프링으로 착좌시킨 밸브를 캠으로 누르는 방식이 주류를 이루어 간다. 그것이 앞서 언급했듯이 1950년대에 들어와 부활하기 시작한 것이 다시 자동차용 엔진이 미지의 고속운전 영역에 돌입하려고 했었기 때문이라고 생각한다. 그 시점에서 홈 가이드 방식이나 경사판 구동 등의 기묘한 설계는 사라지고, 로커 암을 캠 노즈로 누르는 이미 확립된 기구를 하나 더 추가하고는 내리미는 것뿐만 아니라 끌어올리는데도 사용하는 방법론으로 집약된다. 밸브 트레인 기술의 발전경위를 생각하면 당연한 것이었다.

- 왜 데스모드로믹은 사라져갔을까 -

그런데 60년대가 되면 다시 데스모드로믹은 경기용 엔진의 세계에서도 자취를 감춘다. 그 무렵에 데스모드로믹의 결점이 널리 알려지게 되었던 것이다.

데스모드로믹이 가진 불식시킬 수 없는 지병. 그 필두는 우선 밸브 간극

이다. 생산품에는 아무래도 공차가 생긴다. 밸브 트레인도 예외는 아니다. 또한 엔진을 운전시켜 밸브의 개폐가 몇 만 번이고 되풀이되다보면 밸브 자리와 밸브의 우산이 닿는 면에 불가피하게 마모도 발생한다. 이렇게 일어나는 각 부분의 치수 변화가 그것이 머리카락 정도 만큼이라 하더라도 상당한 기밀성을 필요로 하는 연소실에 있어서는, 밸브를 닫을 때 덮개가 확실히 닫혀야 하는 밸브에 관한 것이기 때문에 소홀히 할 수 없다. 그 때문에 밸브 간극 조정이라는 개념이 생겨났다.

하지만 밸브를 열 때나 닫을 때 기계적으로 강제로 〈확동〉을 시키는 데스모드로믹에 있어서 밸브 트레인의 각 부품의 치수차이는 그대로 운전의 부조화로 이어지기 때문에 간극 관리를 엄밀하게 할 필요가 있다. 전통적인 밸브구동방식이라면 정비보수가 약간 떨어지더라도 태핏 노이즈가 약간 크다는 정도로 끝나지만, 데스모드로믹이라면 명확하게 이음(異音) 레벨이나 부조화로 이어진다. 그렇기 때문에 두카티는 중간부터 밸브스프링 겸용 형식의 데스모드로믹으로 옮겨갔다.

또한 데스모드로믹은 마찰손실이 많다. 통상적인 밸브 트레인 같으면 밸브를 내리밀 때 어느 정도의 마찰손실은 발생하지만, 최대 양정을 지나 밸브 자리까지 돌아올 때는 밸브가 캠 노즈의 움직임을 쫓아갈 뿐이기 때문에 출력 손실이 거의 없는 것과 마찬가지이다. 또한 밸브를 열 때 밸브스프링을 눌러 수축시키는데서 발생한 출력 손실은, 밸브를 닫을 때 수축되었던 밸브스프링의 반력에 의해 캠 노즈의 회전을 촉진하는 모멘트가 발생해 상쇄된다. 갔다 오라는 식의 작동인 것이다. 그런데 데스모드로믹 같은 경우는 그렇지가 않다. 밸브를 열 때나 닫을 때 모두 캠 노즈가 어딘가를 마찰하기 때문에 양쪽에서 마찰손실이 발생한다.

덧붙이자면 앞서의 밸브 간극을 자동적으로 조정해 준 것이 래시 어저스터이다. 밸브 개폐장치 도중에 오일을 저장하고 거기에 오일을 밀어넣어서 작동시키는 이 장치는 확실하게 불필요한 간극을 자동적으로 없애 주어서 편리하다. 하지만 문제는 밸브를 닫는 시기이다. 래시가 없다면 손실은 앞서 언급한 것과 같이 얼마 안 되지만, 래시가 있으면 래시가 캠 노즈를 향해 태핏이나 로커를 밀어붙이기 때문에 거기서 여분의 마찰손실이 발생한다. 밸브 트레인의 강성이 떨어지든지 유로가 막히는데 따른 고장 등은 물론이고 그런 마찰손실 증대가 싫기 때문에, 효율 향상에 열심인 현대의 엔진은 래시 어저스터를 포기했다. 이 정도로 밸브를 닫는 기간의 마찰손실을 무시할 수 없는 것이다.

또한 구조가 중첩되기 때문에 데스모드로믹은 헤드 주변이 커져서 무거워진다. 어느 쪽이든 현대적인 엔진에서는 피해야 하는 상황이다.

거기에 또 현대의 엔진기술 발전은 밸브스프링으로 착좌시킨 밸브를 캠 노즈로 내리미는 장치로도 충분히 〈확동〉을 얻을 수 있다는 새로운 상식을 만들어냈다. 밸브 트레인의 동적요소나 재료분석이 치밀해지고 또한 생산관리의 정밀도가 높아지면서 서징이나 점프 정도는 쉽게 배제할 수 있게 되었다.

예를 들면 1990년대 무렵까지는 8000rpm이나 그 이상을 노리는 고회전속도형 스포츠 엔진에 있어서, 밸브스프링에 가해지는 만일의 사태를 고려하면서 공진주파수를 분산시키는 의미로 코일을 이중으로 설치하는 설계가 많았다. 하지만 지금은 코일의 세트 하중 양을 개선하면 공진 포인트를 분산시킬 수 있다는 것이 실증되면서, 그런 회전영역에서 급격하게 회전하는 엔진이라도 코일이 하나인 것이 늘고 있다. 그리고

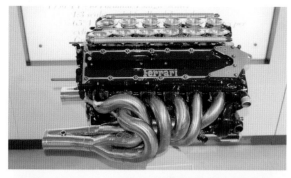

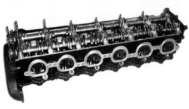

페
라
리
와
데
스
모
드
로
믹

Figure 16

페라리 Tipo 036/2(1990)

1989년부터 터보과급이 금지되고 3.5리터 NA엔진으로 바뀐 F1 GP에서 르노나 혼다는 패키지 밸런스가 뛰어난 V10을 채택하게 된다. 이런 가운데 페라리는 65° 뱅크의 V12·Tipo 035를 선보인다. 그 후 V12는 점차 개량되어 1994년의 Tipo 043까지 진화한다. 사진 속의 Tipo 036/2는 본문 중에서 언급된 1991년 사양 Tipo 037로 넘어가는 과도기적 사양으로, 여기서 데스모드로믹이 사용된 것을 확인할 수 있다. 5밸브이기 때문에 흡기용 캠 로브와 로커 암 배치가 독특하다. 엔진설계에 관여한 A·마르케티는 나중에 두카티로 이적해 데스모세디치를 설계하게 된다.

1만 몇 천 rpm까지 평이하게 회전하는 레이스용 엔진은 밸브스프링에 공기를 사용하게 되었다. 공기를 스프링에 사용했을 경우, 눌러서 수축시킬수록 정수가 올라가는 점진적 증가 특성을 보인다. 그 때문에 특정 공진주파수를 갖지 않는다. 원래는 내경이 1m를 넘고 밸브도 거대해지기 때문에, 그 무게에 밀려서 서징하기 쉬운 선박용 대형디젤의 밸브스프링에 이용되었다. 그러나 르노가 1980년대에 F1에 채택하면서 그로부터는 당연한 상식처럼 되었다. 이런 식으로 현대 수준으로 요소를 음미해 나가면 집요한 기계장치로 설계하지 않아도 확동을 확실하게 달성할 수 있는 것이다.

이런 식으로 〈확동의 상식〉이 변해가려던 2002년. 생각지도 않던 곳에서 과거의 유산이라고 여겨졌던 데스모드로믹을 만나게 되었다. 도쿄도 현대미술관에서 개최된 『ARTEDINAMICA ~ 페라리&마세라티 전』을 취재하러 갔을 때이다.

거기에는 이탈리아에서 가져온 왕년의 차량들과 도면에 섞여 근대의 F1엔진이 전시되어 있었다. 그 가운데 하나가 1990년 페라리 F1 머신 641에 장착했던 티보 037형 V12 엔진이다. 그 해 641을 타던 알랭 프로스트가 스즈카 서킷의 제1코너에서 아일톤 세나와 부딪치면서 페라리와 함께 오랜만에 오를 수 있었던 왕좌를 놓쳤다. 그런 사연을 가진 머신의 동력원인 3.5리터 V12 DOHC 5밸브 엔진이다. 헤드 커버를 벗겨 전시되었던 그것을 보고 놀라지 않을 수 없었다. 흡기 쪽의 캠 노즈가 6개였다. 캠 노즈는 직타식이 아니라 로커 암을 매개로 하는 방식. 이 캠 노즈와 로커 세트가 3개의 흡기 밸브에 대해 2조씩 해서 총 6개인 것이다. 다가가서 자세히 들여다보았더니 2조의 한 쪽은 밸브를 여는 보통의 구조이고, 다른 한 쪽이 밸브를 닫는 작동을 하는 것을 알 수 있었다. 틀림없는 데스모드로믹이었다.

037형의 공식적인 회전속도제한은 1만2750rpm이었다. 그 후의 10년에 F1엔진 제한이 2만rpm에 이르려 했던 것을 생각하면 그다지 높다고는 할 수 없다. 게다가 037형의 밸브스프링은 이미 뉴매틱이다. 서징을 걱정할 필요는 없었지만 말이다.

그때 짐작이 가는 것이 있었다. 얼마 전에 페라리는 마라넬로에서 선행 기술에 대한 언론 발표를 했다. 그 가운데 흥미로운 점이 있었다. 과연 페라리다운 가변밸브 시스템이다. 밸브를 열 때의 관성을 이용해, 밸브를 캠 노즈에서 순차적으로 점프시킨다는 것이다. 원래 밸브 점프는 밸브를 여는 기세가 과도했을 때 발생하는 밸브 트레인의 금기이다. 그런데 그것을 계산대로 또 계산했을 때만큼 발생시키는 캠 프로파일과 밸브스프링의 균형을 만들 수 있다면, 그 어떤 추가 메커니즘도 필요 없이 높은 회전속도까지 작동시켰을 때 밸브 양정이 급증함으로서 커튼 에어리어가 커져서 흡기유량을 크게 늘릴 수 있다. 이것은 일본에서도 전문 레이싱 팀의 현장에서나 단련되고 숙련된 스페셜리스트들이 비전으로 은밀하게 이용했던 기술이다. 641의 시점에서 페라리가 채택했다 하더라도 이상할 것은 없다.

만약 티보 037형이 그런 기술을 이용했다고 한다면, 점프한 밸브가 착좌할 때 튕기지 않도록 진짜 확동이 아니라, 밸브 자리에 이상 없이 착지시키기만 하는 한정적 데스모드로믹 기능이라면 유용할지도 모른다. 물론 어떤 근거도 없지만….

생각해 보면 그 이후로 설계된 데스모드로믹 밸브 트레인의 새로운 엔진을 본 적이 없다. 그것이 마지막이 될지도 모른다. 확동 캠. 이 태고적 유물 엔지니어링은 기억의 조각으로만 먼지가 쌓이게 될 것이다.

도해
특집

엔

FUNDAMENTALS OF

엔진의 결정적인 요소들은 「엔진의 허리아래」에 있다 . 화려한 최신기술이 집중적으로 투입되는 헤드 주변과 달리 블록과 크랭크축 , 커넥팅 로드 같이 상사점 아래에

기술의 집중분석

진
ENGINE CONSTRUCTION

낮은 쪽에 위치하는 부품들은 자동차 잡지조차 집중적으로 다루는 경우가 드물다. 이번 호에서는 은둔의 일꾼 같은 존재인 「엔진의 하부구조」에 대해 집중 조명해 보았다.

PHOTO:BMW

엔진의 하부구조 관련 부품들에 대한 총체적 해설

자동차영업소에서 주는 카탈로그를 보거나 자동차전문잡지를 뒤적거려도 봐도 주로 설명하는 것들은 헤드주변뿐이다.

엔진의 기본골격이라 할 수 있는 부분임에도 불구하고 하부구조에 관한 정보는 그다지 많지않다.

예전에 도요타에서 레이싱 엔진 등의 개발에도 관여한 적이 있고, 현재는 도카이대학에서 교수로 재직하고 있는 오카모토

교수의 지도하에 「알고 있는 것 같지만 사실은 잘 모르는」 엔진의 하부구조에 관한 기초지식에 대해 정리해 보았다.

감수 : 오카모토 다카미츠　사진 : 포드

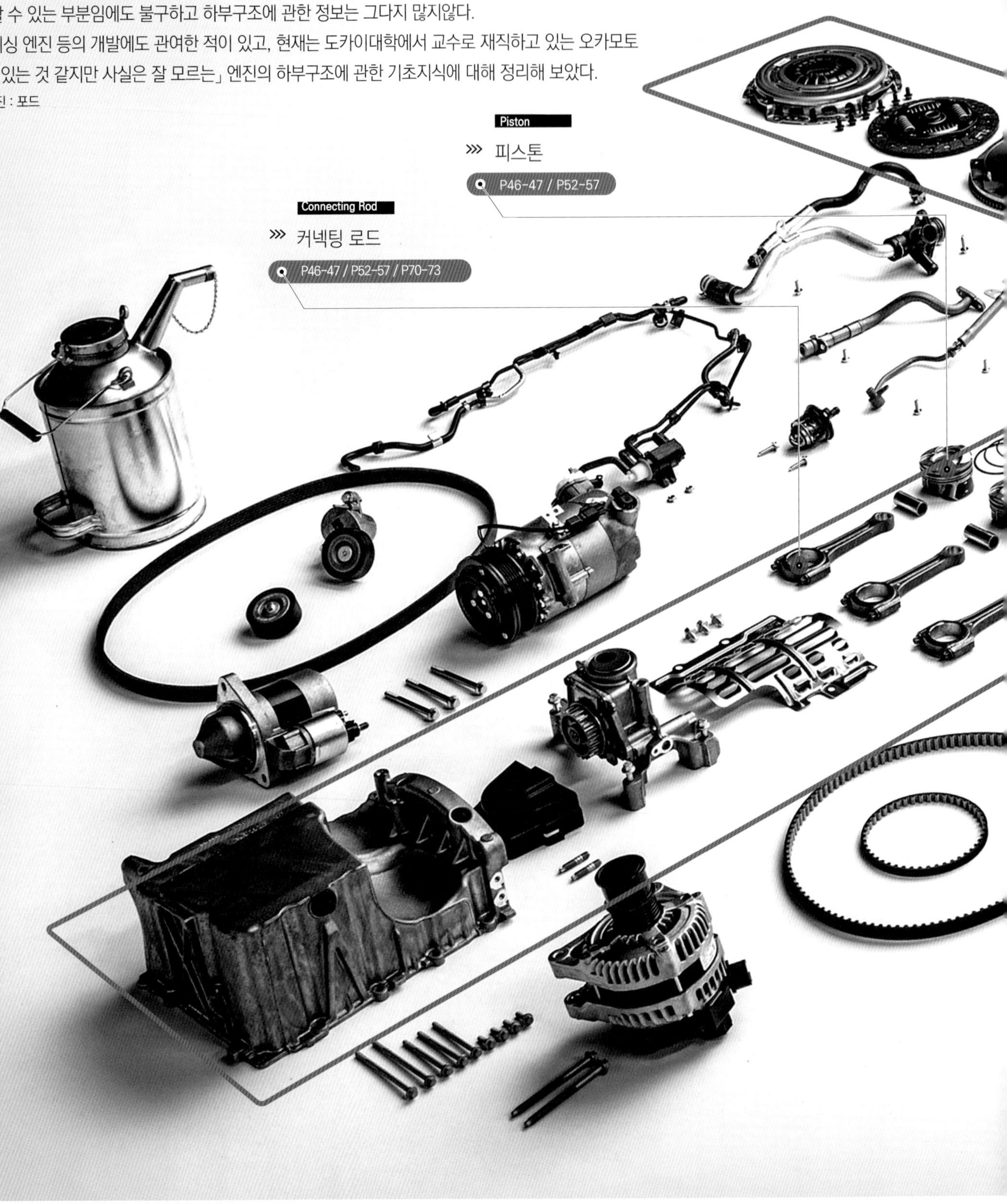

Piston

》》 피스톤

ⓞ P46-47 / P52-57

Connecting Rod

》》 커넥팅 로드

ⓞ P46-47 / P52-57 / P70-73

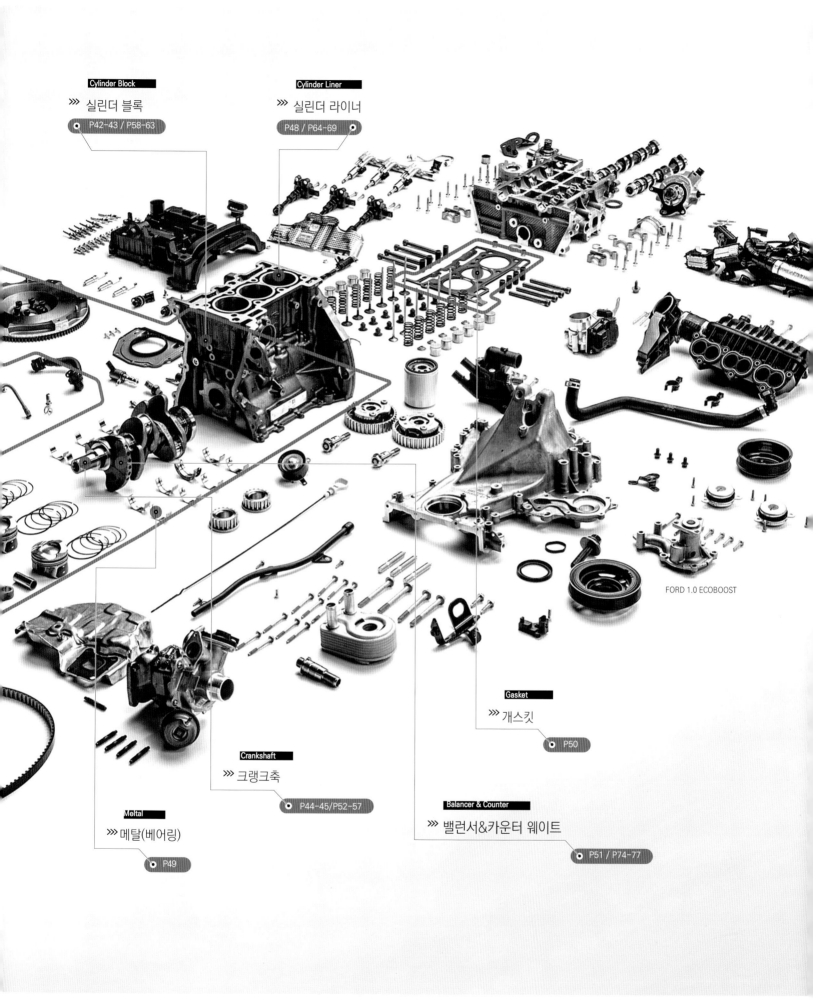

Cylinder Block
》》》 실린더 블록
P42-43 / P58-63

Cylinder Liner
》》》 실린더 라이너
P48 / P64-69

FORD 1.0 ECOBOOST

Gasket
》》》 개스킷
P50

Crankshaft
》》》 크랭크축
P44-45/P52-57

Balancer & Counter
》》》 밸런서&카운터 웨이트
P51 / P74-77

Meltal
》》》 메탈(베어링)
P49

실린더블록

□ 엔진의 출력을 지지해주는 대들보

실린더블록은 이번 특집의 제목을 상징하는 엔진의 기본골격이다.
피스톤이나 크랭크축을 현가 장치에 비유한다면 실린더는 차체(body)와 같다.
차체에 문제가 있으면 어떤 수단을 써도 자동차는 좋아질 수 없다.

일반적은 실린더블록의 재료는 알루미늄합금과 주철이다. 예전에는 거의 주철을 사용했지만 근래에는 차량중량을 줄이려는 이유 등으로 알루미늄합금이 대세이다. 그렇다고 주철이 한물 간 재료일 뿐인가 하면 그렇지는 않다. 강력한 실린더 내압을 견딜 수 있는 구조를 위해 실린더의 두께를 두껍게 하는 것보다 주철로 얇게 만드는 것이 가벼울 때도 있다. 알루미늄이 방열성이라는 측면에서는 유리하지만 경량화만큼 중요한 것이 블록의 강성이다. 특히 현재의 고압축비 엔진이나 터보엔진에서 출력을 높이려면 블록의 강성을 어떻게 확보하느냐가 관건이다. 또한 필요 이상으로 경량화를 하면 소음·진동 측면에서 불리하기 때문에 경량과 강성에 대한 타협점을 어디에 두느냐는 실린더를 설계하는 핵심이 되기도 한다. 구조상으로는 비용과 탑재할 차량의 성격에 맞춰 고압주조가 가능하고 대량생산에 적합한 오픈 데크(Open Deck), 그리고 블록의 강성을 확보하기 쉬운 클로즈드 데크(Closed Deck)로 구분하여 사용한다.

☑ 도요타 1VD-FTV용 실린더블록

도요타 자동차 직기사가 설계하고 생산하는 1VD-FTV의 블록재료는 주철이다. 회주철과 구상흑연주철의 중간적 성질(350~500MPa의 인장강도를 확보)을 가진 버미큘라흑연주철을 재료로 사용해 높은 실린더 내압을 견디면서도 두께를 얇게 하는 것이 가능해지면서 알루미늄합금 제품에 대항 할 수 있을 만큼 가벼워졌다.

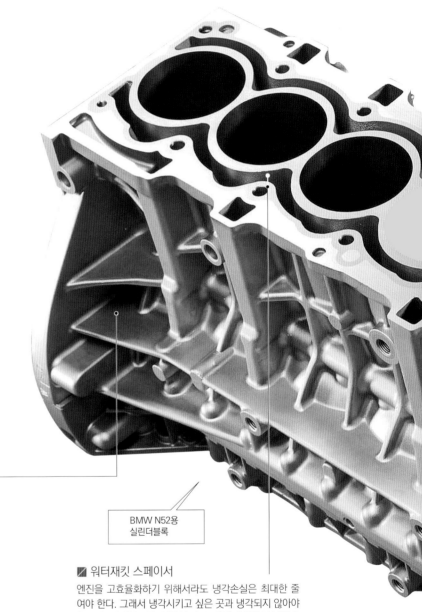

BMW N52용
실린더블록

☑ 워터재킷 스페이서

엔진을 고효율화하기 위해서라도 냉각손실은 최대한 줄여야 한다. 그래서 냉각시키고 싶은 곳과 냉각되지 않아야 할 곳을 제어하도록, 블록의 수로 내에 삽입하여 냉각수 흐름과 온도를 조정할 수 있게 한 것이 워터재킷 스페이서이다. 기본적인 수로를 만들어 놓고 스페이서의 사양에 차이를 두어 세밀하게 조정할 수 있다.

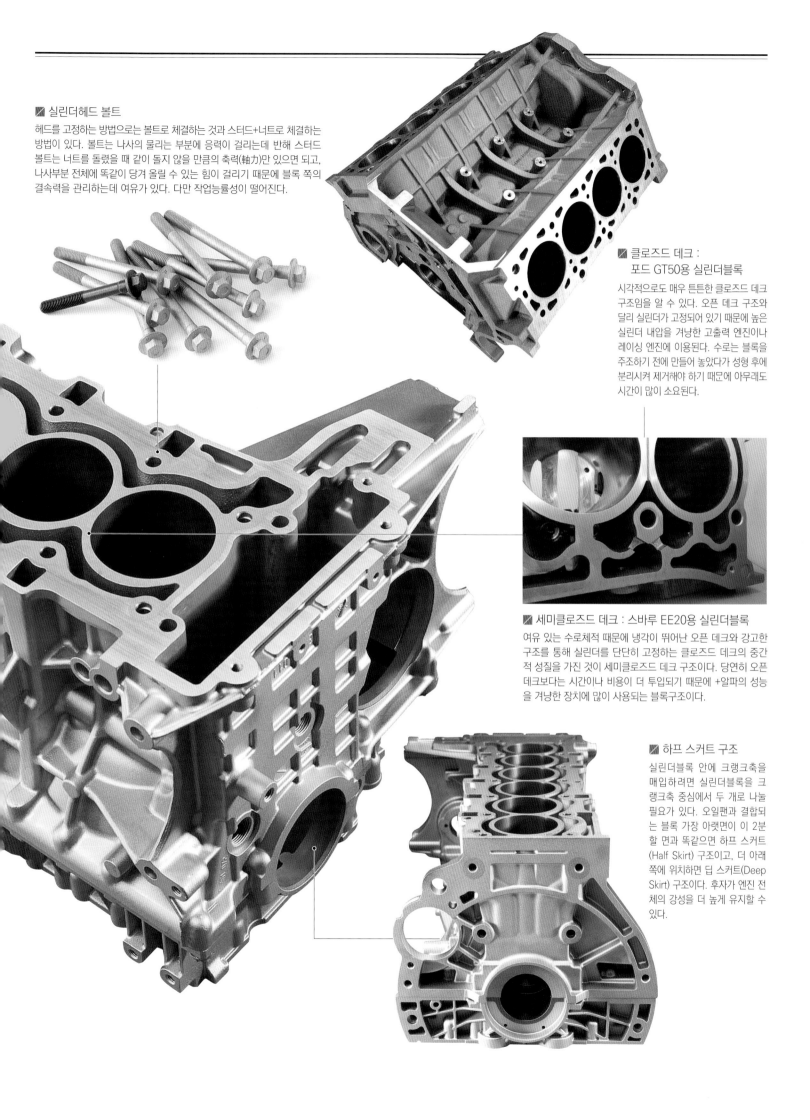

☑ 실린더헤드 볼트

헤드를 고정하는 방법으로는 볼트로 체결하는 것과 스터드+너트로 체결하는 방법이 있다. 볼트는 나사의 물리는 부분에 응력이 걸리는데 반해 스터드 볼트는 너트를 돌렸을 때 같이 돌지 않을 만큼의 축력(軸力)만 있으면 되고, 나사부분 전체에 똑같이 당겨 올릴 수 있는 힘이 걸리기 때문에 블록 쪽의 결속력을 관리하는데 여유가 있다. 다만 작업능률성이 떨어진다.

☑ 클로즈드 데크 :
　포드 GT50용 실린더블록

시각적으로도 매우 튼튼한 클로즈드 데크 구조임을 알 수 있다. 오픈 데크 구조와 달리 실린더가 고정되어 있기 때문에 높은 실린더 내압을 겨냥한 고출력 엔진이나 레이싱 엔진에 이용된다. 수로는 블록을 주조하기 전에 만들어 놓았다가 성형 후에 분리시켜 제거해야 하기 때문에 아무래도 시간이 많이 소요된다.

☑ 세미클로즈드 데크 : 스바루 EE20용 실린더블록

여유 있는 수로체적 때문에 냉각이 뛰어난 오픈 데크와 강고한 구조를 통해 실린더를 단단히 고정하는 클로즈드 데크의 중간적 성질을 가진 것이 세미클로즈드 데크 구조이다. 당연히 오픈 데크보다는 시간이나 비용이 더 투입되기 때문에 +알파의 성능을 겨냥한 장치에 많이 사용되는 블록구조이다.

☑ 하프 스커트 구조

실린더블록 안에 크랭크축을 매입하려면 실린더블록을 크랭크축 중심에서 두 개로 나눌 필요가 있다. 오일팬과 결합되는 블록 가장 아랫면이 이 2분할 면과 똑같으면 하프 스커트(Half Skirt) 구조이고, 더 아래쪽에 위치하면 딥 스커트(Deep Skirt) 구조이다. 후자가 엔진 전체의 강성을 더 높게 유지할 수 있다.

크랭크축

□ 엔진의 운동을 출력하는 축

실린더헤드와 연소실에서 발생한 열 에너지를 최종적으로 기계적 운동으로 전환시키기 위한 회전 축.
"엔진의 하부구조"에서 크랭크축은 그야말로 엔진의 하부구조의 핵심요소이다.

피스톤의 왕복운동은 커넥팅 로드를 통해 회전운동으로 바뀌면서 크랭크축으로 전달된다. 엔진의 제동출력을 계측할 때 크랭크축에서 계측하는 것에서도 알 수 있듯이 원동기의 핵심이 되는 부품이다. 실린더 수나 형식에 따라 형상이 다르긴 하지만 커넥팅 로드를 결합해 주는 핀, 실린더와 크랭크에 의해 지지되는 저널부분이 ㄱ 자 형태로 성형되어 있기 때문에 회전으로 인한 비틀림 응력을 받는다. 따라서 강성을 높이지 않으면 진동이 발생하는 원인이 될 뿐만 아니라 회전 속도도 올리지 못한다. 그 때문에 전장이 길어지는 직렬엔진은 6기통이 한계로 간주되어, 멀티 실린더를 위해서는 구조가 복잡하더라도 전장이 짧고 강성을 확보할 수 있는 V형이 정석이다. V형은 인접한 커넥팅 로드끼리 핀을 같이 사용하는데 V6에서는 이상적인 뱅크각인 120° 외에는 점화간격을 균등하게 하기 위해 핀을 옵셋시킨다. 180° V와 수평대향의 크랭크축 형상은 전혀 다르다는 것에 주목할 것.

✔ 메인저널

실린더블록의 메인 베어링에 설치되는 부위. 다른 한 쪽은 베어링 캡에 의해 감싸지며 볼트체결로 고정한다. 검은 구멍은 오일을 공급해 주는 구멍이다. 메인저널의 오일을 원심력을 이용해 크랭크 핀으로 보낸다. 비스듬하게 드릴 구멍이 지나가기 때문에 표면적으로는 타원처럼 보인다.

✔ 크랭크 핀

커넥팅 로드의 빅 엔드(Big End) 부분과 연결되는 부위. 핀베어링을 사이에 두고 볼트로 체결된다. V형 엔진의 경우는 마주하는 뱅크 실린더와 함께 크랭크 핀을 공유하기 때문에 사진에서 보듯이 핀의 폭이 넓다. 뱅크 옵셋을 조금이라도 해소하기 위해 핀 중심과 베어링 중심을 일치시키지 않는 경우도 있다.

쉐보레 콜벳의 크랭크축

✔ 카운터 웨이트

크랭크 핀과 반대쪽에 설치된 추. 피스톤과 크랭크축의 상하운동에 수반되는 1차진동을 소화한다. 크랭크 암 전체에 웨이트를 갖춘 것이 풀 카운터, 어느 쪽이든 한 쪽을 생략한 것이 하프 카운터 구조이다. 후자는 회전 균형이 원래 뛰어난 직렬6기통 등에 이용된다.

✔ 메인축

사진 상으로는 이 부분이 구동 풀리와 연결된다. 회전방지를 위한 키가 보인다. 반대쪽은 플라이휠을 고정하는 나사부위 때문에 큰 원형 블록형상을 하고 있다. 또한 오일 실을 매개로 엔진 바깥쪽으로 돌출된 부위이기도 하다.

✔ 트위스트 공법

크랭크축은 제조공법에 따라 크게 조립식과 일체식으로 나뉜다. 일체식 같은 경우, 크로스플레인(Crossplane) 구조에서는 핀이나 카운터 웨이트가 같은 위상으로 배치되지 않기 때문에 주물 틀에서 빼지를 못한다. 그래서 주조 직후의 뜨거울 때 비틀어서 핀 위치를 변경하는 트위스트 공법이 개발되었다.

가공전

가공후

Flat ↔ Cross

플랫플레인 / 크로스플레인

V8 엔진을 등간격 점화구조로 만들기 위해서는 720도(4행정 기관의 1사이클)÷8=90도가 되기 때문에 뱅크각 또한 거의 예외 없이 90도로 설정된다. 한편 크랭크 핀 위치에 있어서는 180도 위상의 플랫플레인(좌)과 90도 위상의 크로스플레인(우)이 있다. 전자는 뱅크끼리의 배기간섭이 없기 때문에 고속 엔진으로, 후자는 진동특성이 뛰어나다는 장점 때문에 일반적인 V8 엔진에 적용된다.

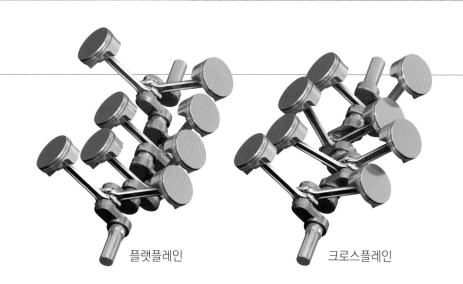

플랫플레인 크로스플레인

Pin-offset

등간격 점화를 위한 핀 옵셋

V6 엔진을 등간격으로 점화하기 위해서는 720도÷6=120도라는 계산이 나오지만, 시판차량의 엔진룸에 뱅크각 120도로 엔진을 탑재하는 것은 현실적이지 않다. 그래서 크랭크 핀을 옵셋시켜 등간격으로 점화시키고 뱅크각도 좁게 설정하는 것이 일반적인 방법이다. 예를 들면 사진 속 GM의 60도 뱅크 같은 경우는 핀 배치를 60도씩 어긋나게 하고 있으며, 핀 사이에 크랭크 웨이트를 사용한다. 메르세데스는 90도 뱅크(30도 핀 옵셋) 구조이다.

GM의 V6 엔진용 크랭크축

크랭크 웹

핀 옵셋

메르세데스 벤츠의 V6 엔진용 크랭크축

Bearing Cap

베어링 캡

실린더블록 아랫면에 크랭크축을 장착할 때 베어링 캡을 하나씩 설치하는 것이 아니라 일체형 사다리 형상으로 한번에 고정함으로서, 크랭크축의 변동을 최소한으로 억제시키는 것이 진동에는 유리하다. 사진 속의 쉐보레 콜벳용 실린더블록은 5베어링 구조이다. 당연히 지지 베어링수가 많은 쪽이 유리하지만 저가 자동차의 엔진에서는 좌우 끝과 중심부분만 지지하는 3베어링 구조의 엔진도 있다.

스바루 EE20의 크랭크축과 블록

for Boxer Engine

수평대향 엔진의 크랭크축

수평대향 엔진은 구조적으로 딥 스커트가 불가능하다. 반면에 좌우 블록이 서로 강인하게 맞물리는 구조이기 때문에 크랭크축을 지지하는 강성을 높일 수 있다. 핀 배치는 180도 위상. 전후 길이를 줄이기 위해 크랭크 웹을 최대한 얇게 만들었는데, 그 모양 때문에 조금 과장해서 「면도칼 크랭크축」이라고도 한다. 요컨대 대향 실린더의 크랭크 핀을 공유하고 있으면 V형 엔진으로, 수평대향 엔진과는 구별할 필요가 있다.

피스톤 & 커넥팅 로드

☐ 연소에 의한 왕복운동을 회전축으로 전달

연료가 연소하면서 발생한 열에너지를 운동에너지로 변환시키는
왕복엔진에서 가장 중요한 부품은 피스톤과 커넥팅 로드이다.
고열에 견디면서 열에너지를 손실 없이 원활하게 전달하는 것이
임무이다.

포드 에코부스트 V6의
피스톤&커넥팅 로드

피스톤 크라운

피스톤 링

피스톤&스몰 엔드

피스톤 스커트

커넥팅 로드의 막대부분

커넥팅 로드 대단부

엔진의 연소압력을 직접 받는 회전계 부품의 심장부이다.
피스톤은 연소실의 일부로 기능하기 때문에 방열성이 요구
된다. 또한 실린더 안을 왕복하는 운동부품 측면에서는 경량
화가 요구된다. 그래서 이 두 가지를 양립할 수 있는 알루미
늄합금으로 만든다. 피스톤 상부의 크라운은 연료와 연료분
사방식의 차이에 따라 형상이 다양하다. 커넥팅 로드는 엔진
부품 가운데 가장 복잡하고 강력한 응력을 받기 때문에 무엇
보다 강도가 우선시된다. 그래서 주철 또는 단조강이 사용된
다. 또한 피스톤을 냉각시키기 위한 오일 통로가 만들어져
있다. 재료나 구조는 다른 기능이 요구되지만 실제로는 일체
로 운동하는 세트부품이다. 피스톤은 실린더와 면접촉하는
것이 아니라 3개의 피스톤 링을 통해 선접촉하기 때문에 커
넥팅 로드의 궤적으로 인해 엔진소음의 원인인 피스톤 흔들
림 현상을 일으킨다. 이에 대한 대책으로는 피스톤 측면에
코팅을 하거나 커넥팅 로드 길이를 최대한 길게 하는 식으로
대처한다.

1. Piston Design

피스톤의 형상과 역할

실린더 헤드와 함께 연소실을 구성하는 것이 피스톤 크라운이다. 엔지니어링 관점에서 보면 연소실 쪽이 반구형상에다가 약간 우묵하게 들어간 형상이 이상적이다 (오토 사이클의 경우). 다만 노킹 내구성이나 스월/텀블류의 생성, 직접분사시스템과의 관련 때문에 근래에는 응집된 형상을 한 피스톤이 많다.

마쯔다 스카이액티브G

압축비 14로 고효율 운전을 지향하는 스카이액티브G. 플러그 주변에 성층혼합기를 만드는 동시에 사진에서 보듯이 크라운 중앙의 포켓 부분에서 화염을 키워 냉각손실을 최소한으로 줄인다.

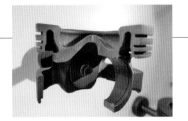

르노의 디젤용 피스톤

고과급 디젤엔진에 있어서 알루미늄합금의 두께를 늘려 강도를 확보하는 것보다 오히려 주철로 얇게 하는 것이 어떠냐는 발상을 바탕으로 만들어졌다. 라이너와 똑같은 소재이기 때문에 열전도성도 뛰어나다.

말레의 디젤용 피스톤

디젤엔진은 압축비가 높기 때문에 밸브 협각이 0도에 가깝다. 연소실은 피스톤 크라운 쪽에 만들어진다. 링의 홈과 더불어 두껍게 만들어졌음을 알 수 있다.

2. Piston Rings

피스톤 링

연소실의 화염이나 가스가 빠져나가지 못하게 긁어내리는 역할, 실린더 라이너 벽면에 달라붙은 여분의 오일을 고르게 하는 역할, 벽면에 붙은 검댕이 등과 같은 찌꺼기를 긁어내는 역할, 피스톤의 상하운동에 따른 자세를 제어하는 역할 등등, 기체나 유체, 고체 모든 것을 불문하고 많은 부담을 짊어진 것이 피스톤 링이다. 일반적으로 톱&세컨드 링 및 오일 링으로 구성되는 경우가 많다.

3피스 구조의 오일 링. 위아래로 박판 모양의 사이드레일에 물결모양의 익스팬더를 끼워서 사용한다. 자동차용으로는 이 방식이 후발주자이다. 폭을 얇게 하는 연구(높이는 줄이는 설계)가 진행 중이다.

마찰손실 저감이 특히 요구되는 장치에는 장력이 낮고 폭이 얇은 링을 사용한다. 더불어 오일 링에는 코일 익스팬더를 이용하는 2피스 구조가 사용된다.

3. Piston Pin

마쯔다 스카이액티브G

피스톤 핀

피스톤 핀을 압입하는 반부동식과 삽입한 다음에 핀이 회전되는 전부동식이 있다. 성능을 추구할 때는 핀 하중을 한 곳에 집중시키지 않아야 하기 때문에 전부동식이 이용된다. 사진 속의 스카이액티브G 커넥팅 로드의 스몰 엔드(Small End)에서 하중을 받는 아랫면은 면적이 넓게, 윗면은 좁게 해 경량화한 것이다. 디젤부터 시작된 방법이다.

Con-Rod Layout

V형엔진 커넥팅 로드의 배치구조

V형 커넥팅 로드의 배치가 정착하기까지는 많은 시행착오가 있었다. 위쪽은 사이드 바이 사이드방식으로 현재의 주류이다. 가운데는 포크&블레이드방식. 한 쪽의 빅 엔드 부분이 다른 한 쪽을 가운데에 끼고 있는 형태이다. 아래는 링크로드방식. 메인 커넥팅 로드에 서브 커넥팅 로드가 연결되는 방식으로, 초창기의 V형은 이 방식을 사용했었다.

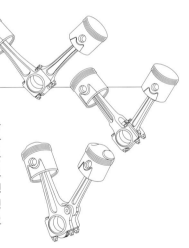

4. Con-Rod Design

커넥팅 로드의 형상

일반적으로 시판차량용 커넥팅 로드는 피스톤 핀을 가로로 삽입했을 때 로드 단면이 I형상인 것을 많이 사용한다. 소단부로 전해지는 힘을 나누어 대단부로 전달하는 구조이기 때문에 강도를 높일 수 있다. 다른 종류인 H단면은 전체를 가공해 쉽게 만든다는 특징 때문에 레이싱 엔진 등과 같은 스페셜 제조품이 많다. 오일 제트를 로드에 쉽게 맞출 수 있다는 장점이 있다.

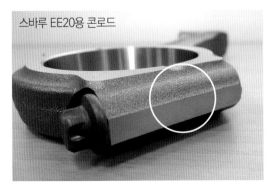
스바루 EE20용 콘로드

(좌측사진) 왼쪽이 H단면, 오른쪽이 I단면의 커넥팅 로드. (우측사진) 스바루의 커넥팅 로드는 크래킹(Cracking) 구조를 적용. 대단부에 만든 슬릿(Slit)은 조립할 때 이용하는 수단으로서, 맞물림 상태가 고유하기 때문에 정확도를 높일 수 있다. 수평대향 엔진이기 때문에 작업성을 확보할 수 있도록 경사분할 구조를 하고 있다.

실린더 라이너

□ 연소 누설방지, 저마모, 저저항

알루미늄합금 실린더블록은 내구성 측면에서 라이너를 많이 사용한다.
하지만 블록강성 확보라는 관점에서는 라이너를 사용하지 않는 경우도 많다.
생산합리화와 성능추구 사이에서 힘겨루기를 하는 부품 가운데 하나이다.

원래 실린더는 주철제품이라 주조한 블록을 그대로 이용해 왔다. 그러다가 알루미늄합금 실린더가 등장하자 단단한 철로 만들어진 피스톤 링의 접촉력 견뎌내지 못하면서 같은 철을 사용한 라이너가 사용되기에 이르렀다. 주철블록으로 만들어진 디젤엔진에서는 내구성과 내식성 측면에서 라이너가 사용된다. 별도의 라이너를 냉각시켜 수축시킨 다음 실린더에 압입하는 방법과 주조할 때 라이너마다 쇳물을 넣는 방법이 있으며, 현재는 후자가 주류이다. 실린더와 라이너 사이에 냉각수로가 나 있는 습식 라이너(Wet Liner)라고 하는 방식은 내경의 변경에 대처하기가 쉽다는 장점이 있지만, 실린더블록의 강성은 떨어지기 때문에 고출력엔진에는 맞지 않는다.

◼ 말레의 실린더 라이너
주철로 제조된 실린더 라이너. 라이너 외관은 일부러 표피를 거칠게 함으로서 주물을 부었을 때 알루미늄합금 쪽과 잘 맞물리게 하기 위해서이다. 각 라이너는 독립적이지 않고 접속된 구조로 해 엔진 전장을 줄이고 있다.

◼ 닛산의 내벽 미러 코팅
알루미늄 실린더의 내벽에 용사(溶射)해 코팅함으로서 마모를 줄이는 수단. 다른 소재가 들어가지 않기 때문에 열전도성이 뛰어나다. 또한 코팅 층에 많은 오일 입자를 저장할 수 있기 때문에 크로스 해치(Cross Hatch)의 높이를 줄일 수 있어서 결과적으로 마찰을 낮출 수 있다는 것도 장점이다.

◼ 딤플 라이너
디젤엔진에서는 라이너 중간부분을 미세한 딤플(凹)로 만들어 피스톤 링과의 접촉면적을 줄이는 동시에 유막의 전단(剪斷)저항을 낮출 수 있다는 것이다. 부하가 걸리는 상사점 및 하사점 부근은 통상적인 크로스 해치 구조이다.

PSA · EB형 실린더블록

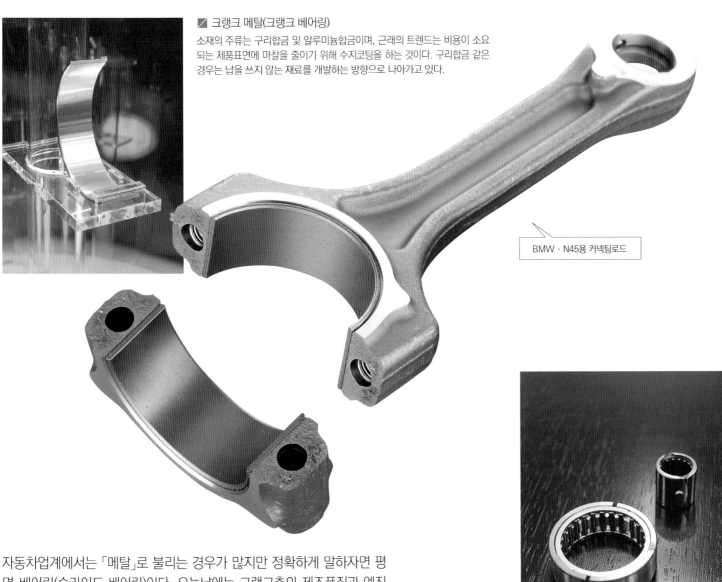

✄ 크랭크 메탈(크랭크 베어링)
소재의 주류는 구리합금 및 알루미늄합금이며, 근래의 트렌드는 비용이 소요
되는 제품표면에 마찰을 줄이기 위해 수지코팅을 하는 것이다. 구리합금 같은
경우는 납을 쓰지 않는 재료를 개발하는 방향으로 나아가고 있다.

BMW · N45용 커넥팅로드

자동차업계에서는 「메탈」로 불리는 경우가 많지만 정확하게 말하자면 평면 베어링(슬라이드 베어링)이다. 오늘날에는 크랭크축의 제조품질과 엔진 오일 성능이 향상되면서, 플로팅 마운트를 유막이 지지하는 방식의 간편한 크랭크 메탈이 일반적이다. 하지만 강성이 뛰어난 일체형 크랭크축 제조가 어려웠던 시절에는 저널 사이에서 분할되는 분할 크랭크축이 많이 사용되었는데, 제2차 세계대전 이전에는 항공기용 고출력 엔진 등에 롤러 베어링(Roller bearing)이 사용되었다.
중량증가나 고비용은 피할 수 없었지만 마찰은 확실히 줄어들기 때문에 내구성 문제만 해결되면 다시 승용차용으로 사용될 가능성이 있다.

BASIC 05 | Crank Metal |

크랭크 메탈

유막을 유지시켜 금속접촉을 방지

회전부품인 크랭크 축에는 베어링이 들어간다.
과거에는 복잡한 롤러 베어링도 사용했지만 현재는 용도를 불문하고
단순한 형태의 평면 베어링이 사용된다.

✄ 롤러 베어링의 가능성
평면 베어링을 롤러 베어링으로 바꾸면 기동토크는 90%, 회전토크는 50%를 줄일 수 있다고 한다. 문제는 신뢰성. 롤러 베어링이 유막을 계속 유지하면 반영구적으로 사용할 수 있는데 반해 평면 베어링에는 수명이라는 문제가 있다. 현재 상태에서는 비용적으로도 큰 차이가 있다. 다만 캠 저널이나 밸런서 축 베어링에는 이미 실용화되었으며, 향후 마찰 저감을 원하는 요구에 얼마나 대응할지가 기대되고 있다.

실린더 헤드 개스킷

□ "엔진의 하부구조"와 "엔진의 상구부조"를 연결하는 중개자

예전에는 석면(Asbest)이 주류였던 헤드 개스킷.
엔진을 제작하는 정밀도가 향상되고 압축비가 높아지면서 더 정밀성이 뛰어난
O링이 부착된 메탈 개스킷으로 바뀌게 되었다.

초창기 왕복 피스톤엔진은 연소압력이 누설되는 큰 문제가 있었다. 그 때문에 실린더 헤드 개스킷과 블록을 일체구조로 만들거나 용접을 해버리는 일체형 실린더가 등장했을 정도이다. 현재는 실린더와 헤드의 정밀도도 높아졌고 스터드 볼트도 각도체결법이 주류를 차지하고 있지만 그래도 개스킷의 중요성은 변함이 없다. 연소압력을 견디는 한편으로 연소가스라고 하는 기체와 미연소연료, 오일과 냉각수 같은 액체가 누설되지 않도록 해야 하는 것이다. 정밀성을 높이기 위해 어느 정도의 유연성은 필요하지만 블록과 헤드의 간극은 유지해야 한다. 현재 상태에서는 유연한 합금과 밀폐성을 위해 O링을 조합하는 것이 최선이다.

▨ 3가지 종류의 개스킷 구조

소위 말하는 메탈 개스킷. 액체나 기체를 밀봉하는 부위에는 수지(주로 고무, 사진에서는 자주색 부위)를 입혀 유출을 방지하는 구조. 요구되는 성능에 따라 층 수를 조정한다.

탄성중합체(Elastomer)형 개스킷. 금속의 기본 개스킷 양면에 수지를 도포한 구조. 사진에서는 수로, 유로 주변의 밀봉 부위에 고무재질의 O링을 박아 유출을 방지하고 있다.

합성(Composite)타입 개스킷. 예전에는 석면(어스베스트) 소재가 많이 사용되었지만 건강에 해롭다는 이유로 재료가 바뀌었다. 이 3가지 종류 가운데서는 재사용이 가장 어려운 형식이다.

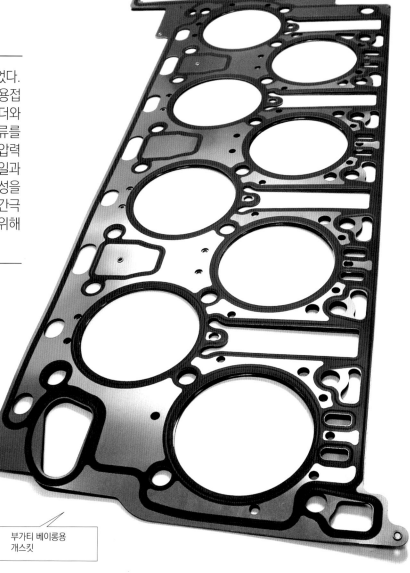

부가티 베이롱용 개스킷

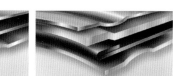
Without carrier plate

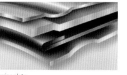
With carrier plate

Without carrier plate

With carrier plate

Segment stopper in functional layer

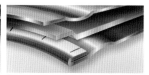
Serpentine stopper in functional layer

Honeycomb stopper in center layer

▨ 각종 메탈 개스킷 구조

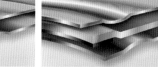

독일 자동차부품 전문기업인 엘링크링거사의 각종 메탈 개스킷. 핵심은 실린더 내의 가스 누설을 얼마나 막느냐이다. 누설에 대항하여 층 수나 비드 형상, 절곡 유무, 스토퍼라 불리는 내벽 테두리와 관련된 각종 부자재 등에 다양한 방법들이 적용된 것을 알 수 있다.

밸런스 축(보상축)

□ 해소되지 않은 진동을 억제

왕복 피스톤엔진에서 필연적으로 발생되는 진동은 기본설계만으로는 좀처럼 제거되지 않는다. 탑승객에게 불쾌감을 느끼게 하는 것은 상품으로서의 자동차 가치를 깎아먹는 이유가 되기 때문에 비용과 무게가 증가하더라도 장착해야 하는 것이 밸런스 축이다.

직렬6기통 이외의 엔진은 크든 작든 진동이 발상한다. 직렬4기통의 2차진동이나 3기통의 우력(偶力)이 대표적이다. 상품력을 높이기 위해서는 어떻게든 해소해야 하는 문제이다. 20세기 초에 이론화된 밸런스 축을 1974년에 미쓰비시자동차가 실용화함으로서 진동제거에 대한 길목이 열렸다. 크랭크축 회전과 반대방향으로 회전하는 축(웨이트가 달림)을 장착하는 것이 원리로서, 진동종류에 따라 1축과 2축, 평행배치, 경사배치 등의 종류가 있다. 밸런스 축이 어떤 진동이든 완전히 해소하는 것은 아니고, 중량과 비용이 증가하기 때문에 최근의 3기통 엔진은 크랭크축 설계를 개선하거나 매스 댐퍼(Mass Damper)의 배치를 달리 하는 방법 등, 밸런스 축을 사용하지 않는 경우도 늘어나고 있다.

메르세데스 벤츠 M270용 밸런서 장치

언밸런스 질량

언밸런스 질량

크랭크 풀리   크랭크축   드라이브 플레이트

☑ 셰플러의 밸런스 축

자사에 베어링 메이커를 갖고 있는 셰플러는 롤러 베어링 구조의 밸런스 축을 제안. 마찰이 현격하게 줄어드는 한편 질량이 최적화되면서 새로운 설계가 가능하다고 이야기한다. 그림에서 보는 밸런스 축 장치는 롤러 베어링의 지지부위를 탑재하고 있다는 것도 특징이다. 리브와 편심구조를 적절하게 사용하는 디자인임을 알 수 있다.

☑ 닛산 HR12DE용 아우터 밸런서

닛산은 3기통 엔진의 진동을 해소하는 수단으로 엔진 내부의 밸런스 축이 아니라 크랭크 풀리와 드라이브 플레이트에 언밸런스 질량이 부가 된 아우터 밸런서를 적용한 구조를 만들었다. 엔진에서 발생하는 세로방향의 진동을 가로방향 진동으로 변환함으로서, 아이들링에서 특히 실내에서 느끼는 진동을 줄이는데 주력했다.

[Crankshaft / Connecting rod / Piston]

수평대향 엔진의 하부구조 설계 – 스바루 편

스바루 (SUBARU)

지금은 자동차용 수평대향 엔진을 개발하고 제조하는 곳이 포르쉐와 후지중공(스바루) 2사밖에 남지 않았다.

매력적이기는 하지만 설계가 어려운 엔진인 만큼 그런 여파는 엔진 하부구조에도 영향을 미친다.

본문&사진 : 마키노 시게오 사진 : 아카이브스(마사히로 세야)

변속기~출력 쪽

크랭크샤프트

커넥팅 로드

차량전방

피스톤

왕복 피스톤엔진은 피스톤의 상하운동을 회전운동으로 변환시켜 움직인다. 직선운동을 회전운동으로 바꾸기 위한 메커니즘 차원에서의 크랭크축과 볼나사는 오래전부터 존재했다. 하지만 간단하게 보이는 기계장치라 하더라도 최신 엔진에서는 다양하게 개량되면서 항상 새로운 모습을 보여준다.

「전자제어를 통하면 모든 것이 제대로 돌아갈 것」이라고 생각하기 쉽지만 전자제어가 가진 정확성과 뛰어난 확장성을 「출력」과 「토크」에 반영하는 것은 대부분이 기계장치이다. 제어가 치밀해지면 치밀해 질수록 기계의 본성이 요구된다. 그 중에서도 수평대향 엔진은 크랭크축과 커넥팅 로드 설계가 까다롭다.

직렬엔진 같으면 별 고생 없이 끝날 것도 수평대향 엔진에서는 문제가 되는 경우가 있다. 후지중공의 여러 엔지니어가 어떻게 기계를 설계해 왔는지 취재해 보았다.

먼저 피스톤. 기존의 EJ형에서 FA/FB형으로 바꿔나가는 과정에서 행정을 길게 설계하는 것이 큰 과제였다. 기존보다 긴 행정을 왕복한다는 것은 피스톤의 헤드가 흔들리는 기회가 증가한다는 것을 의미한다. 실린더 라이너 안을 피스톤이 왕복할 때 스커트부분과 라이너 양쪽 면이 아주 얇은 유막을 매개로 접촉한다. 피스톤 위치가 1개의 피스톤 핀으로 결정되기 때문에 헤드는 필연적으로 흔들린다. 이때 스커트 부분이 라이너 내벽에 부딪치는 타음(打音)이 발생한다.

FA20 직접분사 터보의 피스톤 크라운. 전체의 3분의 1 정도를 차지하는 완만한 음각(凹)면은 실린더 내에 기류를 만들기 위한 공간이다. BRT라고 쓰여 있는 부분은 음각이 깊은 편으로, 여기에 연료분무를 쏘아서 확산시키는 월 가이드(Wall Guide)용 공간이다.

피스톤 핀이 삽입되는 부분의 스커트는 경량화를 위해 짧게 만들어진다. 단조 피스톤 핀과 피스톤 쪽의 구멍 유격은 10미크론 이하. 한 가운데서 구멍으로 핀을 넣으면 조금씩 잘 들어간다.

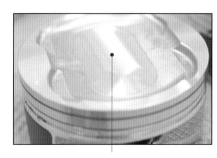

이 사진은 FB25 피스톤의 크라운 면. 직접분사 같은 공간은 없고 밸브 리세스(Valve Recess, 부딪침 회피)와 스퀴시 영역을 위한 평면만 있다. 가운데 부분에 기계가공 흔적이 있는데, 여기는 피스톤을 제조하는 단계에서 양각(凸)이었던 부분이다.

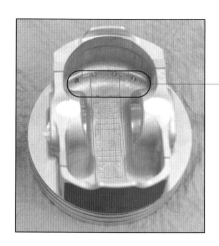

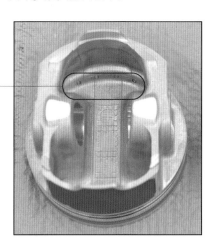

실린더 라이너와 접촉하는 스커트 면에는 실린더 라이너로 윤활유를 공급하기 위한 오일 구멍이 피스톤 중심으로부터 방사선 형태로 4개가 뚫려 있다. 이 구멍은 오일 링 위치에 있으며, 반대쪽에도 똑같은 오일 구멍이 뚫려 있다. 아래사진에서는 위아래 2개의 피스톤 링 홈과 4개의 작은 구멍이 뚫려 있는 최하단의 오일 링 홈을 볼 수 있다. 이 오일 링 홈을 통해 스커트 쪽 면으로 윤활유가 공급된다.

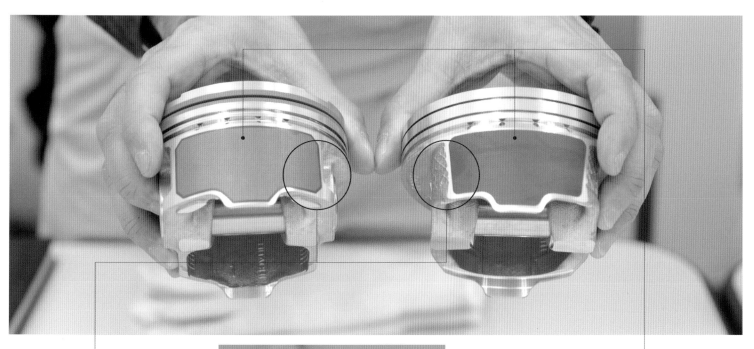

스커트 면 형상과 거기에 코팅된 수지 면의 형상은 엔진마다 미세하게 다르다. 후지중공에서는 피스톤의 강성 균형 등의 이유로 전용으로 튜닝하고 있다. 위 사진은 왼쪽이 FA20 터보용, 오른쪽이 FB25용 피스톤이다.

위 사진과는 다른 FB16NA용 피스톤. 스커트 하단부분의 형상이나 스커트 면의 코팅도 다르다. 이런 세부적인 설계에서는 라이너와 접촉하는 면적이나 피스톤이 받는 연소압력과의 균형 등을 고려한다.

수지로 코팅된 색상이 약간 다르다. 근래에는 여기에 저항을 줄여주는 물방울문양이나 유막확보를 위해 물결문양을 넣는 경우가 많지만, 스커트가 짧아 접촉면적을 확보할 수 없는 후지중공의 수평대향 엔진에서는 이렇게 전체를 코팅한다.

예전의 EJ형 엔진은 먼저 크랭크축에 커넥팅 로드를 장착했기 때문에 실린더 블록 측면에 이런 구멍(서비스 홀)을 뚫어 이곳으로 피스톤 핀과 클립을 삽입했었다. F계열에서는 이것을 없앴다.

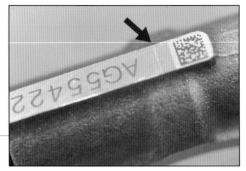

EZ36형 6기통에서 채택된 경사지고 분할방식이었던 커넥팅 로드기 F계열에서는 전체로 확대되었다. 이것은 엔진 하부에 있는 직사각형의 간격, 저널 사이의 틈새를 통해 커넥팅 로드 빅 엔드의 볼트를 조이기 위해서이다. 분할된 선을 거의 못 알아볼 정도로 공작정밀도가 뛰어나다.

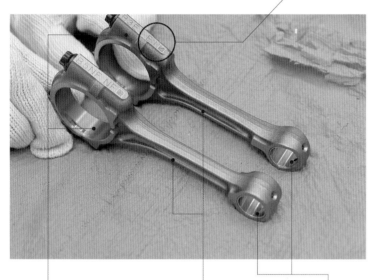

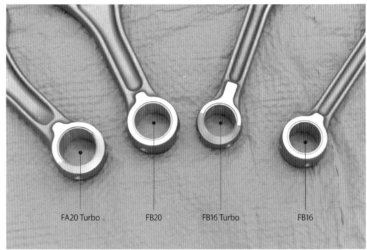

FA20 Turbo   FB20   FB16 Turbo   FB16

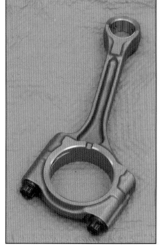

기종에 따라 커넥팅 로드의 로드부분 전체형상과 부분별 두께의 균형이 다르다. 위쪽은 FB16터보용, 아래쪽은 FB16NA용이다. 바로 옆 4개의 커넥팅 로드도 엔진 기종마다 따로 사용된다.

F16 터보용 커넥팅 로드. 볼트 쪽에서 보면 커넥팅 로드가 비스듬하게 뻗어 있는 것을 알 수 있다. 소단부 쪽을 기준으로 생각하면 분할 면이 비스듬하게 되어 있다.

같은 배기량인 FB16의 터보(우)와 NA(좌)용 커넥팅 로드 소단부 비교. 연소압력이 강한 터보에 맞춘 설계로서, 원형 안에 삽입되어 있는 부시 소재도 다르다.

「소음에 대한 대책을 세우는데 가장 신경을 썼습니다. 연소압력을 받는 피스톤의 크라운과 그 바로 밑에 있는 피스톤 핀과의 거리(Compression Height)는 행정이 길어지면서 약간 어려워졌습니다만, 그보다 스커트가 짧아지는 것이 더 큰일이었죠. 수평대향 엔진은 구조상 실린더 블록 높이가 낮은 특징이 있기 때문에 피스톤이 하사점에 도달했을 때 크랭크 웹과 스커트와의 간격을 확보할 수가 없습니다. 필연적으로 미니스커트가 되면서 실린더 내벽과 접촉하는 부분의 높이에 여유가 없는 것이죠. 이 높이 내에서 피스톤의 움직임을 안정시키는 연구가 필요했던 겁니다」

근래에는 피스톤 쪽 면의 스커트를 물방울 문양이나 물결 문양으로 코팅하는 것이 유행인데 스바루 엔진에는 그런 것이 없다.
「측압이 높고 짧기 때문에 접촉면적을 줄이는 것이 아니라 스커트 표면에는 고체윤활작용이 있는 수지를 코팅하고 있습니다. 실린더 라이너와의 친화력이 좋고 미크론 단위의 부조화를 조기에 안정시키는 효과도 있습니다」
피스톤 크라운 면의 형상은 연료공급 시스템의 차이를 반영하고 있다. 직접분사 엔진용에는 연료분무를 쏘았을 때 이를 확산시키기 위한 스텝(음각부위)이 가공되어 있다.

실린더 블록과 접촉하는 메인 베어링 저널은 5개이다. 당시까지의 3저널이었던 것을 EJ형에서부터 5저널로 늘어났다. 하중부담은 1, 3, 5번째 저널이 크다. 2, 4의 누설 폭(연마된 면)이 약간 좁은 것은 저널에서 윤활유를 독점하지 못하게 하려는 배려이기도 하다.

가장 굵은 쪽이 플라이휠과 결합된다. 같은 배기량의 직렬4기통과 비교해 크랭크축 전장이 상당히 짧은 것이 특징이지만 반면에 설계가 어렵다.

이쪽에서 뻗어나간 축은 체인구동을 위한 스프로킷, 오일펌프, 보조기기구동용 풀리가 장착된다. 때문에 치수적으로는 최대라고 한다.

크랭크 핀과 저널의 이 부분에는 양쪽으로 딥 롤(Deep Roll)이라고 하는 홈이 파여 있다. 롤러로 가공한 다음 소성변형시킴으로서 피로강도를 높이는 것이 목적이다. 오일 누설 폭이 좁아지지만 이것은 일반적인 방식이다.

왼쪽부터 FA20터보, FB20/25(공용), FB16용 크랭크축으로서, 소재는 모두 S45C를 바탕으로 합금성분을 「스바루 스페셜」로 조합한 것이다. 주로 고주파 열처리를 위해 열처리 성능 향상과 열로 인한 분열을 방지하기 위해 첨가제를 넣는다.

도면으로 확인하면 크랭크 핀에서 저널로 내부를 관통하는 오일 구멍을 볼 수 있다. 밖에서는 이 통로가 보이지 않지만 이 구멍을 뚫으려면 어느 정도의 오버랩(위 사진의 화살표 부분)이 필요하다.

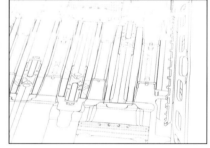

크랭크축 주변의 치수(단위: mm)

	행정	메인 저널 지름	크랭크 핀 지름
EJ 20	75	60	52
EJ 25	79	60	52
FA 20	86	68	50
FB 16	82	68	43
FB 20/25	90	68	48

다음으로 커넥팅 로드(Connecting Rod). 가장 큰 특징은 크랭크축과 피스톤을 연결하는 「로드」부분이 비스듬하다는 점이다. 이것은 수평대향 엔진을 조립할 때 엔진 아래쪽에서 엔드 볼트를 조여야 하는 구조이기 때문이다.

「베어링 성능을 생각하면 비스듬하게 하고 싶지 않지만 베어링의 면 압력이나 유막 두께를 세밀하게 검토할 수 있는 분석기술(EHL분석 : 탄성유체 윤활분석)을 활용해 해결했습니다. 부품강성까지 감안한 유막 두께에 대한 분석이죠」

이 분석이야 말로 후지중공이 다른 메이커보다 한 발 앞서 있는 기술이다. 기본설계를 개선하기 위해서는 필수적으로 실제기기와 최대한 가까운 상태로 시뮬레이션을 해야 하고, 이를 통해 수평대향 구조가 초래하는 어려운 설계를 상당히 극복했다고 한다. 덧붙이자면, 예전에 EJ형 시절에는 똑바른 커넥팅 로드를 사용했었다. 커넥팅 로드를 크랭크축에 장착한 상태에서 좌우 블록을 합체시킨 다음, 실린더 블록 벽면에 뚫은 서비스 홀을 통해 핀을 끼워 피스톤을 고정하는 식으로 만들었다. 그런데 6기통 EZ36 이후에는 서비스 홀을 뚫지 않는 설계로 바뀌면서 커넥팅 로드를 비스듬하게 분할하게 되어 조립성을 확보할 필요가 생겼다. 비스듬하게 분할하는 경우에는 연소압력이 가해졌을 때 베

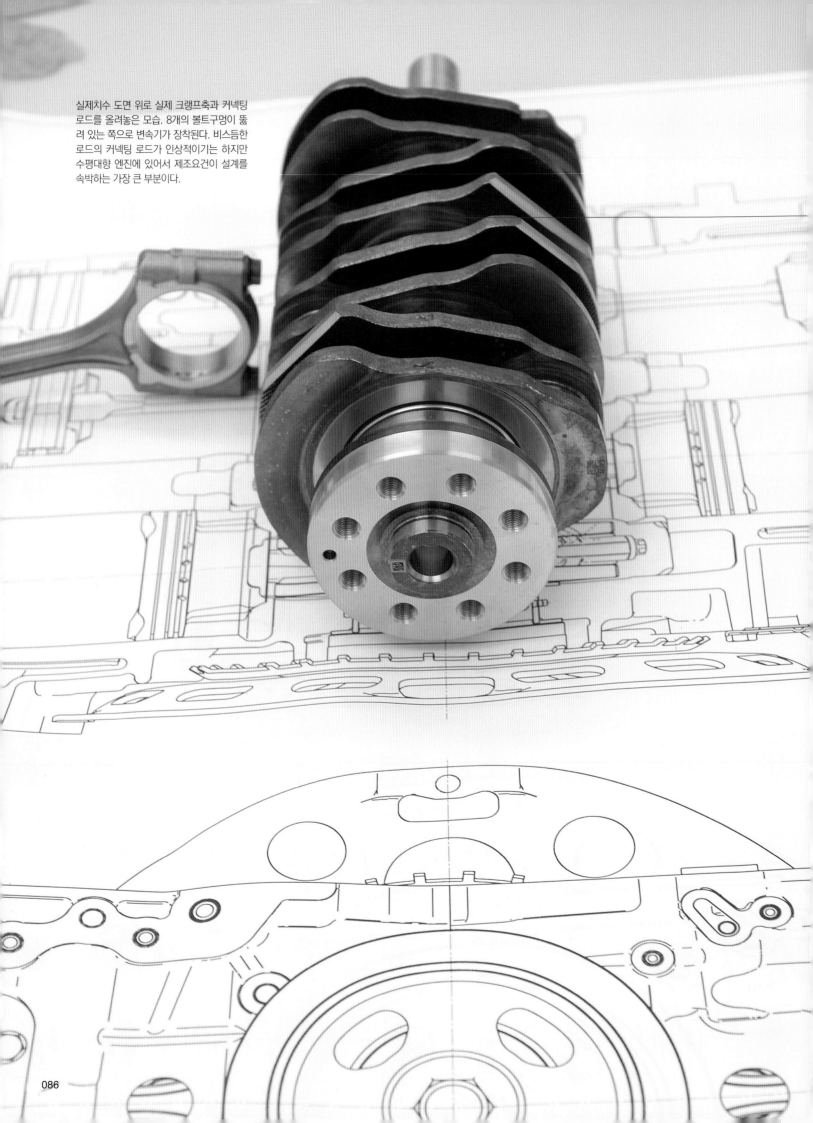

실제치수 도면 위로 실제 크랭크축과 커넥팅
로드를 올려놓은 모습. 8개의 볼트구멍이 뚫
려 있는 쪽으로 변속기가 장착된다. 비스듬한
로드의 커넥팅 로드가 인상적이기는 하지만
수평대향 엔진에 있어서 제조요건이 설계를
속박하는 가장 큰 부분이다.

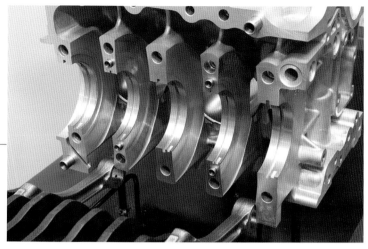

저널 부분은 알루미늄 블록에 철을 부어 기계가공한 것이다. 수평대향 엔진은 상호 반력(反力)을 서로 떠받치는 실린더 블록이라 직렬4기통과는 블록 성격이 전혀 다르다. 기계가공 면이 많은 것도 후지중공의 특징이다.

실린더 블록의 헤드 쪽. 앞쪽을 향하고 있는 면에 밸브 트레인이 장착되고, 이것과 대칭되는 형상의 블록이 반대쪽(위쪽)으로 결합된다. 다음 페이지에서 실린더 블록의 제조공정에 대해 살펴보겠다.

좌우 실린더 블록을 합체시킨 다음 크랭크축 구멍을 통해 내부를 찍은 사진. 이처럼 크랭크 축 중심에서 분할되는 엔진블록을 제조할 때는 정밀도 확보가 필수적이다. 사진 속 내부의 저널 면을 만져보아도 손가락 끝으로 뭔가 걸리는 느낌이 전혀 없다.

간 류다치
스바루 기술본부 엔진설계부
주사 A1

안자이 에이켄
스바루 기술본부 엔진설계부
엔진설계 제1과 팀리더

요시다 나오키
스바루 기술본부 엔진설계부
엔진설계 제1과

어링의 분할 면 부근에 높은 면 압력이 발생해 유막확보가 어려워진다. 관성하중이 걸렸을 때는 커넥팅 로드 대단부에 변형(Close In)이 발생하면서 메탈이동위치와 일치하지 않는 식으로 베어링에 대한 부담이 커진다. 그런 점을 최신 분석기술이 해결해 준 것이다. 그렇다고 해도 실제 커넥팅 로드를 보면 분할된 부분의 분리선이 보이지 않을 만큼 정밀도가 뛰어나다.

이어서 크랭크축. 직렬4기통은 피스톤이 가로로 배치되기 때문에 크랭크축이 길어진다. 수평대향 4기통의 크랭크축은 일반 4기통 엔진의 2기통분으로, 전장이 약간 짧고 당연히 가볍다. 회전질량이 작다는 것은 큰 장점이다. 그러나 짧은 만큼 설계는 어렵다. 최대의 난관은 메인 저널과 크랭크 핀의 오버랩 확보다. 특히 FA/FB형 엔진은 EJ형에 비해 장행정으로 설계되었기 때문에 크랭크 핀이 바깥쪽으로 밀려나 있다. 오버랩은 크랭크축의 굽힘 강도에 크게 관여하는 부분인 동시에 윤활을 위한 오일통로를 내부에 가공하기 위해 절대로 필요한 「여백」이기도 하다. 85페이지의 사진은 FB20형의 크랭크축으로서, EJ형의 행정 75mm에 비해 15mm가 긴 90mm에, 행정 반경이 7.5mm로 넓어져 평상시대로 설계하면 오버랩이 확실하게 줄어든다. 그래서 설계진은 저널 지름을 굵게 만드는 방법으로 오버랩을 확보했다.

「시장의 흐름은 저널 지름이나 크랭크 핀 지름까지 마찰을 줄이려는 목적으로 점점 얇아지는 경향이지만, 크랭크 웹이 얇기 때문에 일부러 저

널계통을 굵게 만들어 오버랩을 확보하는 방법을 취했습니다. 그 대신에 크랭크 핀 쪽은 지름을 얇게 했죠(85페이지 표 참조). 핀 지름을 굵게 하면 커넥팅 로드가 커지고 관성 회전질량도 커지기 때문입니다」

이 크랭크 설계에 단행정 피스톤을 장착해 하사점에서도 크랭크 웹과 스커트 부분의 유격을 3mm나 확보한다. 또한 FA20의 터보사양에서는 행정을 86mm로 하고 크랭크축은 새로 설계한다. 터보의 연소압력이 크기 때문이다. 직렬4기통 같으면 크랭크 웹의 두께로 행정 증가에 대응하고 크랭크축 강도도 확보할 수 있다. 핀 지름도 가늘게 할 수 있다. 하지만 수평대향엔진에서는 그것이 불가능하다. 때문에 연구와 「공략」이 필요하다.

「저널 지름이 굵으면 마찰속도가 빨라져 이 부분에서 윤활유 온도가 상승하고, 커넥팅 로드 메탈의 윤활이 격렬해집니다. 하지만 핀 지름을 굵게 하면 관성 회전질량이 증가하기 때문에 어느 지점에서 설계적인 균형을 취할 것이냐가 관건이 되는 것이죠」

수평대향엔진은 전후길이가 짧아 블록을 작게 만들 수 있다. 크랭크축도 짧다. 하지만 그렇게 짧은 것이 설계를 어렵게 한다. 후지중공의 수평대향엔진은 전에는 이런 형식의 엔진이 경험한 적이 없는 영역으로 진화의 길을 걷고 있다. 「무리」라고 지적받은 것도 벌써 몇 번이고 극복했다. 앞으로도 도전은 계속될 것이다.

[Cylinder Block]

알루미늄합금 실린더 블록의 제조방법

료비 (RYOBI)

엔진의 실린더 블록은 알루미늄합금이 주류이고 주철은 비주류로 밀렸다.
근 10여 년 동안의 엔진기술 가운데 알루미늄으로 교체하는데 따른 경량화는 큰 성과를 거두었다.
하지만 이런 새로운 트렌드는 제조방법이 동반되지 않으면 실현될 수 없었던 성과이기도 하다.

본문 : 마키노 시게오 그림 : 오리하라 히로유키

다이캐스트(Die casting)는 주물 틀(Die)을 사용한 주물(Cating)을 가리킨다. 사용되는 소재는 알루미늄, 아연, 구리, 마그네슘 등으로 자동차 엔진 같은 강도·강성이 필요한 주물은 거의가 알루미늄합금으로 만들어진다. 료비(RYOBI)는 다이캐스트 분야에 있어서 세계적인 대기업으로, 현재는 매출액의 약 90%가 자동차 및 2륜차 관련이다.

료비가 전문으로 하는 것은 금형을 사용하는 고속고압주조이다. 이 방법은 먼저 녹인 알루미늄(용탕)을 1cm² 당 500kg~1t의 압력으로 틀에 주입한다. 이때 금형으로 열이 빨리 전달되도록 신속하게 누른 다음

빠른 시간에 냉각시킨다. 표면이 매끄러운 열간(熱間) 강철제품의 금형 표면에 고압으로 쇳물이 접촉하기 때문에 쇠의 표피(주철의 표면)가 매끄러워 기계가공을 최소한으로 끝낼 수 있다. 양산 엔진블록이나 변속기 케이스 등, 많은 제품이 이런 방법으로 만들어진다.

그렇다고 설계한 대로 주물을 만드는 것이 결코 쉬운 일은 아니다. 다양한 식견과 시행착오가 전제되어야 하는 것이다. 먼저 주물 틀 설계부터 살펴보겠다.

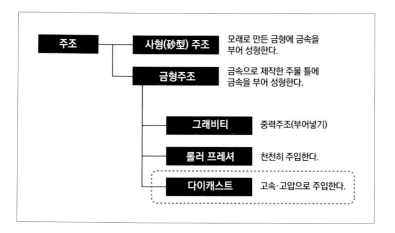

주조	사형(砂型) 주조	모래로 만든 금형에 금속을 부어 성형한다.
	금형주조	금속으로 제작한 주물 틀에 금속을 부어 성형한다.
	그래비티	중력주조(부어넣기)
	롤러 프레셔	천천히 주입한다.
	다이캐스트	고속·고압으로 주입한다.

◢ 수평대향 엔진의 블록 주조

크랭크축 중심에서 분할되는 엔진 블록을 주조하는 것은 쇳물(녹인 상태의 고온의 금속)을 구석구석까지 도달하게 하는 기술이 어렵다. 이 후지중공업(스바루)에서 생산하는 수평대향 엔진 가운데 실린더 블록은 료비가 제조를 담당하고 있다.

◢ 다이캐스트 소재는 ADC12

알루미늄 실린더 블록의 소재로는 ADC12가 주로 사용된다. 순 알루미늄에 규소를 9.6~12.0%, 구리를 1.5~3.5%(이 3가지 소재가 들어가기 때문에 Al-Si-Cu 계열로도 불린다), 아연을 1.9% 이하, 거기에 망간, 철, 니켈 등을 각각 미량 첨가한 합금. 주조하기가 쉽고 절삭가 공성도 뛰어나다.

◢ 실린더 라이너 제조

주조된 상태 그대로의 모습이다. 볼트 구멍이나 냉각수 통로, 측면보강 리브 등이 일체로 성형되어 있다. 이음매가 아무 데도 없다. 피스톤이 접촉하는 실린더 라이너 부분은 철 부품으로 만들고 블록 주물을 만들 때 내부에 쇳물을 넣어 일체화시킨다.

◢ 저널 제조

크랭크축의 접촉면인 크랭크 저널도 철로 만들어진 별도의 부품으로, 실린더 라이너와 마찬가지로 금형 안에 세팅해 거기에 알루미늄 쇳물을 흘려서 주조한다. 위 사진은 주조 직후 이고, 아래는 기계가공 후 모습이다.

「제조를 의뢰받은 엔진이 있으면 먼저 도면부터 검토합니다. 설계도면을 주조도면으로 바꾸는 것이죠. 강성이나 제조방법에 대해 미세하게 조정할 부분이 있으면 우리 쪽에서 자동차 메이커에 제안하는 경우도 있습니다. 제조할 때 쇳물이 잘 도는 형상은 어떤 것인지, 그런 것들은 우리가 더 잘 알고 있기 때문이죠. 쇳물을 좁은 통로로 흐르게 하면 흐르는 동안에 금형으로 열이 달아나 굳어지기 때문에 살이 얇은 부분은 쇳물이 흐르는 속도를 빠르게 합니다. 실린더 블록은 얇은 곳과 두꺼운 곳이 섞여 있기 때문에 고속고압 주조에 적합하고요. 그런 장점을 살리는

금형설계가 우리들의 역할인 입니다.」 살을 얇게 하는 것이 어디까지 가능하냐고 물었더니 이런 대답이 돌아왔다.
「예를 들면 컴퓨터의 케이스는 0.7~0.8mm 두께의 알루미늄 주조로 만들어져 있는데, 실린더 블록은 이것과는 비교가 되지 않는 강도·강성이 필요할 뿐만 아니라 절삭가공도 견뎌내야 합니다. 대응은 가능하지만 비용이 들게 되죠」
다시 주물 틀 설계 이야기로 돌아가자. 쇳물을 붓는 주입구는 블록의 어떤 부분에 설계할까.

나란히 배치된 원이 수평대향 엔진의 한 쪽 뱅크 실린더 위치로서, 여기에 자동제어 로봇으로 실린더 라이너를 끼운다. 이 금형은 SKT61이라고 하는 열간 강철제품으로, 같은 체적의 알루미늄보다 강도가 뛰어나다.

파란 호스를 통해 냉각수가 금형으로 들어갔다가 붉은 호스에서 밖으로 나온다. 실린더 블록용 금형에는 이와 같은 냉각수 입구가 몇 백 개나 된다. 사용하는 물은 순수 처리되며, 사용 후에는 한 번 쉬었다가 다시 순수 처리된다.

중간 위치의 반원형 양각부분 아래로 보이는 핀이 강철제품의 별도 부품인 크랭크 저널을 고정하는 위치결정 핀인 동시에, 주조 후에는 볼트구멍이 된다. 현재의 실린더 블록 금형은 복잡한 구조를 하고 있다.

◢ 수평대향 엔진의 금형

실린더 블록은 6면체이다. 복잡한 형상을 주조하기 위해서는 금형의 4면을 슬라이드시킬 필요가 있으며, 그를 위한 가이드가 붉은 호스 안쪽에 보인다. 돌출된 금속봉 끝(금형에 삽입되어 있는 쪽)은 냉각수 통로나 볼트구멍을 주조하기 위한, 이것도 금형의 일부이다. 좌측과 우측이 서로 맞대어져 형태가 만들어진다.

◢ 제조과정(Manufacturing Process)

금형설계	주물덩어리(INGOT)
금형성형	용해
금형	용융합금

다이캐스트 머신

주조

트리밍트리밍

돌기제거

기계가공

고속, 고압으로 금형으로 쇳물을 충전한다.

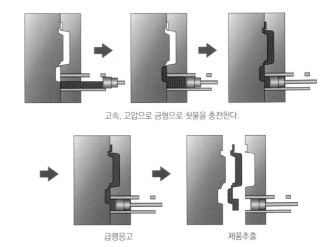

급랭응고　　　　　제품추출

「나중에 가공하는 『테두리』부분이 많습니다. 금형에 들어가는 앞쪽 통로 안에서도 알루미늄이 굳어서 러너라 불리는 여분의 주물이 생성되기 때문에 그것을 제거해야 합니다. 제거한 장소를 기계가공하면 쇳물을 넣을 입구를 모르게 되죠. 통상 쇳물 주입구는 한 곳이지만 블록 형상에 따라서는 두 곳에서 넣어야 하는 경우도 있습니다. 그럴 때는 내부에 『쇳물 경계』가 만들어지지 않도록 신중하게 시뮬레이션을 합니다」

고속고압으로 한 곳에서 주입하면 먼저 투입한 쇳물이 굳어질 위험성이 있지는 않을까?

「그렇게 되지 않도록 금형설계를 연구하는 것이죠. 먼저 투입한 쇳물이 굳기 전에 금형 밖으로 흘러나오도록 한다거나, 제품형상에는 없는 양각부분을 만들고 거기로 쇳물을 유도해 군더더기를 만든 다음 나중에 그것을 제거하는 식으로, 어쨌든 원활하게 금형전체로 쇳물이 도달하도록 설계합니다」

또 한 가지. 철로 된 실린더 라이너나 저널을 같이 주조한다고 했는데, 670℃에서는 철 표면도 녹지 않는다. 제대로 고정되기가 어려울 것 같은데….

「주조하는 부분은 대개 살이 얇기 때문에 거기서 쇳물이 응고되지 않도록 쇳물의 흐름을 빠르게 합니다. 그러면 『쇳물 끊김』현상이 발생하기 쉬워지면서 설계한대로 두께가 안 나올 위험성이 있습니다. 그런 점도 금형설계의 핵심이라고 할 수 있죠」

다음으로 성형 수순. 금형설계와 동시에 공정설계도 여러 가지로 연구가 필요할 것이다. 통상은 ADC12라고 하는 일반적인 알루미늄 소재를 사용하는 주물은 먼저 금형에 이형제를 바른 다음, 별도의 부품이나 코어(가동형)를 설치하고 나서 틀을 닫고 거기에 소재를 주입하는 순서를 거친다.

「똑같습니다. 다만 실린더 블록은 실린더 라이너 같은 별도 부품이 있을

▨ 용탕 보온로

한 곳에서 모아 만들어진 쇳물은 성형기별로 설비된 지하 피트 내의 유지로(爐)로 운반된 다음 여기서 성형기 안으로 투입된다. 이 상태의 온도는 670℃ 정도. 쇳물을 퍼 올리는 일은 무인자동으로 제어된다.

▨ 실린더 라이너

라이너 설계는 엔진 발주처에서 하고, 라이너 제작업체가 료비로 공급한다. 이 원통형 장소에서 있다가 안쪽에 있는(사진에서는 보이지 않는다) 로봇이 자동으로 운반하고, 금형으로 세팅하는 것도 자동으로 이루어진다.

▨ 실린더 라이너 공급

오렌지색 로봇 암(ABB=아세아 브라운 보베리 제품)의 우측 아래로 실린더 라이너가 보인다. 성형기의 가로 한 가운데에 있어서 인간은 넣을 수 없다. 엔진형식마다 로봇의 움직임이 각각 따로 프로그램된다.

▨ 성형기로 투입되는 쇳물

유지로에서 퍼 올린 쇳물은 정해진 양만큼 성형기로 투입된다. 수평대향 엔진 같은 경우는 서로 마주한 금형을 1600톤의 힘으로 조인 다음, 그 안으로 2.5ms의 속노로 사출된다. 사출압력은 50~100MPa.

▨ 로봇이 아니면 불가능한 작업

로봇이 금형에 실린더 블록을 세팅한다. 좁고 더운 장소에서 신속하고 실수 없이 작업하려면 로봇밖에 방법이 없다. 이 상태에서 금형의 5개 면을 확인할 수 있다. 사진 좌측의 굵은 원통은 슬라이드형 작동 실린더.

▨ 크랭크 저널

강철로 만들어진 크랭크 저널을 세팅하는 로봇. 똑같이 보이지만 스바루의 수평대향 엔진에는 1개의 엔진 안에 형상이 다른 3가지 종류가 있다. 로봇작업이기 때문에 실수가 없다.

뿐만 아니라 금형 안으로 방출되는 쇳물 속도가 빠르고 압력도 높은 주조이기 때문에, 금형 안은 1cm² 당 수 백 kg의 힘이 가해집니다. 금형 전체적으로는 1600t이나 되는 힘을 받아 이것이 금형을 밀어서 열려고 하는 힘이 되기 때문에, 같은 힘으로 틀을 조여주지 않으면 안 됩니다. 이 틀을 조이는 힘이 1600t입니다. 그 안으로 쇳물을 50~100MPa의 압력으로 밀어서 넣는 것이죠」 그렇다. 틀을 조이는 힘과 주조압력은 별도인 것이다.

「쇳물의 온도는 670℃ 정도이고, 주입 전의 금형이나 코어는 180℃ 정도로 예열됩니다. 쇳물 충전은 50~100ms이면 끝납니다. 한 순간이죠. 이때 성형기의 실린더 안에서 쇳물온도는 20℃ 정도 떨어집니다. 금형 내의 살이 얇은 부위는 100~200ms면 굳어지고, 살이 두꺼운 부위라도 3~4초면 굳습니다. 약간 큰 실린더 블록이라 하더라도 20~25초면 고체가 되죠」

그런가. 그래서 금형 설계가 쉽지 않다는 말이 나오는 것 같다. 원활하고 꼼꼼하게 쇳물을 돌리는 이유가 여기에 있는 것일까.

「또한 성형 중에도 성형기에서 금형으로는 냉각수가 투입됩니다. 외부에서는 보이지 않지만 금형내부에는 가느다란 냉각수로가 사방으로 뻗어 있습니다. 금형에서 나오는 수많은 호스가 냉각수 출입구이죠. 연수(軟水)처리를 통해 석회성분을 제거한 순수한 물을 사용합니다. 석회성분으로 인해 수로가 막히는 것을 방지하기 위한 목적이지만, 반면에 수로가 녹슬기 쉬워지기 때문에 물이 잘 흐르는지 여부를 검사해 보고 수로로 용제를 넣는 방법으로 녹을 방지하고 있죠」

냉각수 배관은 적색, 청색, 황색 3가지가 있다. 어느 것이 입구이고 어느 쪽은 입구일테고 어느 쪽은 출구일 텐데…

「입구는 청색입니다. 약 20℃의 물을 넣죠. 금형 내의 온도를 흡수하고 나서 배출될 때는 적색 관에서 나는데 이때는 80℃정도까지 올라갑니

 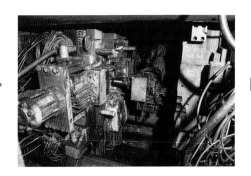 

☑ 성형에 필요한 시간은 약 120초

실린더 라이너와 크랭크 저널을 금형에 세팅한 뒤에는 코어를 넣고 틀을 닫은 다음, 모든 슬라이드 틀을 정해진 장소에 배치한다. 쇳물을 넣은 뒤 어느 정도까지 식어서 제품형상이 안정될 때까지 기다린다. 이 과정이 2분 정도에 끝난다. 쇳물 투입은 0.05~0.1초밖에 안 걸린다. 그 사이에 압력을 걸어 구석구석까지 쇳물이 도달하게 하고, 먼저 투입된 쇳물이 응고되지 않도록 여분으로 주입한다. 이 오버 플로우 부분이 블록 아랫부분에 굳어져 있는 것을 볼 수 있다. 이 「여분」을 어디로 보낼지도 금형을 설계하는데 있어서 포인트이다. 제거된 오버 플로우 부분은 다시 녹여 소재로 쓴다. 덧붙이자면 이 상태에서 블록의 온도는 약 300℃라고 한다.

☑ 출하대기 상태의 블록

틀을 맞춘 부분에 나있는 돌출물, 쇳물투입 통로에서 굳어진 러너, 오버 플로우 부분의 덩어리 등이 깨끗하게 제거되고, 관성검사를 통과한 블록이 출하를 기다리고 있다. 행선지는 군마현의 후지중공 오이즈미공장이다.

고마자키 도오루
료비주식회사 기획부
마케팅과 과장
(공학박사)

기도 신지로
료비주식회사 다이캐스트
본부 시즈오카공장
주조기술과 계장

이자와 류스케
료비주식회사 다이캐스트
본부 히로시마공장
공무과장 겸
주조기술과장
(공학박사)

다. 황색 관은 타이머로 제어하는 수로입니다. 틀을 막아 몇 초 후에 물을 보내고 몇 초 후에 멈추는지 등과 같은 세세한 제어를 하죠. 이것을 사용함으로서 쇳물이 균일하게 차가워지면서 온도가 올라가는 것이죠」

또 한 가지, 금형의 수명과 유지·보수에 관한 궁금증이다. 틀은 마모된다. 실린더 블록 같이 큰 물건은 금형 하나로 몇 개나 만들 수 있을까. 정비는 어디에 주안점을 두고 있는지….

「제품에 따라서 다르긴 하지만 금형 1개로 실린더 블록 10만개 정도를 만든다고 보시면 됩니다. 다만 워터 재킷 같이 얇은 부분이나 작은 나사구멍용 코어 등은 2만개마다 교환하기도 하고, 망가지기 쉬운 코어의 접촉면은 쟁판으로 수리하는 등 항상 금형상태를 점검하면서 필요한 정비를 하고 있습니다」

료비는 금형제작과 정비 모두 사내에서 해결한다. 해외 생산거점용도 일본에서 만든 금형을 공급한다. 금형은 정비가 중요한데, 어디가 어떻게 손상되었는지에 대한 데이터는 정비 경험을 오랫동안 쌓아오지

않는 한 축적될 수 없는 부분이다. 일본의 금형기술이 세계최고수준이라고 하는 이유가 여기에도 있다.

「실린더 블록용 금형 전체의 부품개수는 몇 백에서 몇 천 개나 됩니다. 오일 통로용 쇳물을 넣기 위한 『주물제거 핀』을 별도로 만들거나, 냉각수 호스 몇 백 개까지 합치면 부품개수는 더 늘어납니다. 모든 것을 직접 설계하고 직접 정비해 온 것이 현재의 기술력을 확보한 바탕이라 할 수 있겠죠」

실린더 블록의 제조공정을 쭉 견학해 보았더니 엔진기술은 제조기술이라는 토대 위에서 발전하고 있다는 것을 실감하게 된다. 근래의 엔진은 냉각수로가 2계통으로 되어 있거나, 블록 쪽 면의 살이 얇아지는 등 10년 전과는 완전히 다르다. 그런 엔진을 설계해도 싸게 대량생산할 수 없다면 의미가 없다. 료비가 뒷받침하고 있는 것은 자동차의 가장 중요한 부분인 것이다.

사형(모래틀) 주조

시간은 걸리지만 뛰어난 정밀도를 자랑하는 제조법

모래 틀(砂型)을 이용하는 주조는 고대 때부터 존재했다. 사찰의 「종」등은 사형주조로 만들어졌다. 취약한 모래로 틀을 만들어 천천히 소재를 붓는 주조방법이었다. 그 뒤 금형을 사용하는 고압주조 기술이 확립되어 대량생산 분야에서는 주류를 차지하고 있지만, 근래에는 사형을 사용하는 저압(대기압)주조, 사형에 「압탕(押湯)」으로 쇳물을 주입하는 중력주조 제조법도 거듭된 개량을 통해 발전하고 있다. 공업제품에 사용되는 사형은 가열 후 굽는 셸 몰드법(Shell Mold Process)과 탄산가스 등과 같은 촉매가스를 불어서 상온에서 굳히는 가스경화법(CO_2 몰딩 등)이 있다. 셸 몰드법은 사형의 열 수축을 감안해 틀을 만들지만, 가스경화법은 수축 없이 완전히 1대1 성형이 된다.

어느 쪽을 선택하느냐는 제작자의 입장에 따라 달라진다. 틀을 만들고 거기에 소재를 투입하는 식의 제조순서는 다른 주조와 동일하다. 근래에는 복잡한 형상의 코어도 만들 수 있어서 제품정밀도가 매우 뛰어나다. 동시에 고압주조에서는 불가능한 세밀한 주조가 가능하다. 반면에 사형은 제품과 1대1로 만들어지기 때문에 제품이 완성되는 동시에 파괴된다. 제품 수만큼 사형이 필요한 것이다. 사형주조를 사용하는 조건은 엔진의 생산량과 엔진에 요구되는 성능이나 정확한 균형이다. 소량생산 엔진에서는 아직도 사형이 주류로서, 양산차량에서는 마쯔다나 BMW가 이 방식을 사용한다. 다만 「사형이기 때문에 엔진이 우수」한 것은 아니다. 성능은 설계에서 결정 난다. 사형주조는 설계성능을 확보하는 수단 가운데 하나일 뿐이다.

BMW | 란츠후트공장

엔진 같은 대형물건을 주조할 때는 규산질 모래를 사용한다. 일반적인 것은 액체수지와 경화제로 나누어진 2액 경화성 수지를 섞은 모래로서, 이것을 금형에 넣어 성형한다.

사형은 제품형상을 감안해 무리가 없도록 몇 개의 분할상태로 만들어진다. 그것들을 결합한 다음 냉각수로나 흡배기 포트 등과 같은 형상을 만든다.

코어도 모래로 만들어진다. 열로 굳어진 상태에서 조심스럽게 운반하지 않으면 틀에 손상이 생긴다. 아래 사진은 틀을 겹쳐놓아 엔진 전체의 샌드 패키지로 만들 때의 모습이다.

사형을 사용하면 주물 표피에 모래덩어리 모양의 세세한 돌기가 생기지만 엔진에는 문제가 되지 않는다. 사진처럼 가느다란 리브의 복잡한 형상도 만들어 낼 수 있을 만큼 정밀성이 뛰어나다.

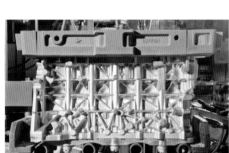

모든 틀을 겹쳐 놓은 다음에는 쇳물을 붓는다. 이 사진은 쇳물 무게로 자유낙하시키는 중력주조이다. 용제를 부으면서 가스를 빼주면 쇳물이 틀 구석구석까지 도달한다.

마쯔다 | 본사공장

마쯔다는 애초에 코스워스 주조를 도입했지만 연구를 거듭하면서 독자적인 사형주조법을 완성시켰다. 스카이액티브 계열의 엔진은 전체가 사형으로 만들어진다.

가솔린은 12개, 디젤은 13개의 코어를 넣고 사진처럼 샌드 패키지로 만든다. 여기에 쇳물을 부어 경화시킨다.

3층 건물높이에 12개의 방이 배치된 냉각실. 주물을 넣고 500℃까지 온도가 내려간 시점에서 냉각 플레이트를 분리한다. 기포를 섞은 샤워 기화열로 냉각하고 진동으로 모래를 털어낸 다음 기계가공 공정으로 보낸다. 냉각시간까지 포함해 공정시간이 3시간에 불과하다.

[Cylinder Bore Surface]

플라즈마 용사방식의 실린더 내벽처리

oerlikon metco

앞에서 실린더 블록의 제조공정을 소개했지만, 완성된 실린더는 조립되기 전에 또 하나의 공정이 필요하다.
바로 라이너 삽입과 호닝이다. 최근 이 공정에서 용사라고 하는 기술이 애용되고 있다. 자동차용이나 산업용 부품, 심지어 부엌용품에 이르기까지
폭넓게 사용되는 기술이지만 실린더 내벽을 처리하는데 있어서는 특유의 노하우가 필요해 보인다.

본문 : 미우라 쇼지(MFi) 그림&사진 : 올리콘 메트코 일본 / MFi

왕복 피스톤엔진의 실린더는 주조해서 그대로 쓸 수 있는 것이 아니다.
호닝(Horning)이라고 하는, 실린더 벽면에 오일 유지를 위한 가공처리를 하지 않으면 순식간에 눌러 붙는다. 또한 디젤엔진까지 주철을 대신해 알루미늄합금으로 된 실린더를 사용하게 되면서, 철로 만들어진 피스톤 링이 부드러운 알루미늄을 갉아먹기 때문에 실리콘 계열의 금속으로 도금을 하거나 주철로 된 라이너를 사용하게 되었다.
도금은 생산할 때의 환경문제와 더불어 도금 자체의 부식(연료에 유황성분이 섞이는 경우) 등이 있으며, 라이너를 삽입하면 필연적으로 내경 피치가 넓어지기 때문에 경량소형화를 위한 실린더 설계가 어려워진다.
그래서 알루미늄합금 블록을 라이너 없이 그대로 사용하거나 심지어 기존의 호닝보다 뛰어난 오일 유지기능을 갖출 수 있는 용사(溶射)라고

하는 기술이 개발되었다.
용사(Thermal Spraying)란 금속과 세라믹 소재 등을 열원(熱源)을 통해 용융(또는 반용융) 상태의 코팅기술로서, 다양한 물질(용사소재)을 고온에서 녹여 기재에 뿌림으로서 피막을 형성한다. 현재는 그리 특수한 기술이 아니라 테플론으로 가공한 프라이팬이나 전기밥솥의 솥 바깥쪽 등에도 사용되고 있다. 용사만 하더라도 다양한 방법이 있지만 실린더(내벽) 코팅에 사용하는 것은 아크용사와 플라즈마용사 2종류이다. 나아가 용사소재로는 선 소재와 분말 소재 2종류가 있다. 이번 취재에서는 분말을 이용한 플라즈마용사로 독자적인 시장을 개척하고 있는, 올리콘 메트코 일본의 미마 히데타다씨에게 자세한 기술적 내용과 자동차 업계의 현재 상태에 대해 들어보았다.

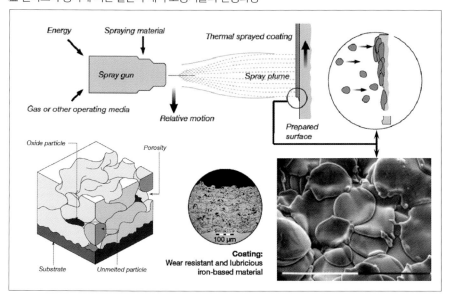

☑ 플라즈마 용사에 의한 실린더 내벽 코팅기술의 진행과정

☑ 다양한 분말을 고열로 녹여 분사하는 플라즈마 용사

플러스와 마이너스 전극 사이에 강한 전류를 걸어 방전시키는 방법으로 불활성가스를 공급하면 기체가 전리(電離)되면서 초고온 가스로 바뀐다. 거기에 금속분말을 보내 용융시키면서 실린더 내벽에 분사함으로 코팅하는 것이 플라즈마 용사의 원리이다. 뒤에서 설명할 아크용사 등에 비하면 더 섬세한 입자를 촘촘하게 피복할 수 있기 때문에 용사할 금속 등의 소재 폭이 다양하다. 똑같은 효능을 얻을 수 있는 용사기술로 고압질소를 이용하는 HVOF(고속 프레임 용사)가 있지만, 원통으로 생긴 내벽 내면에 가공할 때 용사 건과 내벽 사이에 거리를 두어야 하기 때문에 설비가 많아지는 HVOF가 불리하다. 금속분말이 녹아 몇 겹으로 쌓이면서 각 층 사이에 세세한 기공이 만들어진다. 이것이 오일을 실린더 내벽에 유지하는 저장구멍이다. 위 사진은 올리콘 메트코(술저 메트코)가 시공한 포르쉐 918 스파이더의 실린더 모습이다.

☑ 용사실린더와 주철라이너의 성능비교

마찰성능 비교

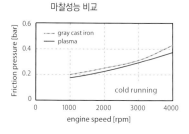
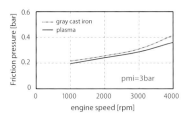
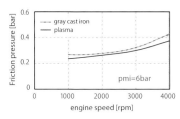
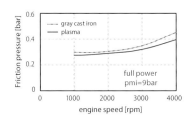

☑ 주철라이너에 비해 모든 면에서 우위

상단 4개의 그래프는 주철라이너+호닝과 플라즈마용사를 한 엔진의 마찰에 의한 손실량을 비교한 것이다. 냉간시동 때부터 최고출력까지 엔진회전속도가 올라갈수록 용사 쪽이 상대적으로 마찰손실이 낮다. 아래쪽 좌측은 마찬가지로 내벽의 마모량을, 우측은 오일 소비량을 비교한 것이다. 용사내벽은 마찰손실과 냉각에 관한 효과가 뛰어나 레이싱 엔진에서는 많이 사용하지만, 내구성이나 경제성 같은 측면에서도 유효하기 때문에 일반 승용차에 적용하는 사례도 증가하고 있다.

마모량 비교

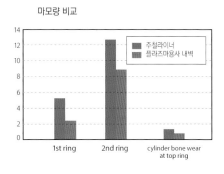

오일소비량 비교

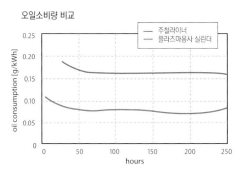

플라즈마 용사에 특화된 올리콘 메트코 올리콘 메트코는 대형 디젤엔진 메이커로 유명한 술저(줄쩌라고도 부른다)의 한 부문이었던 표면처리기술 스페셜리스트 메트코를, 냉전 때 사용되었던 올리콘 총기나 발칸포로 알려진 올리콘사가 매수해 2014년에 법인화한 회사이다. 그룹 내에는 올리콘 발저스라고 하는, 역시나 코팅 전문회사가 있지만 올리콘 메트코는 가스터빈과 자동차용 코팅에 특화된 기업으로, 용사뿐만 아니라 변속기 싱크로나이저의 카본 코팅 등도 사업내용으로 갖고 있다.

항공기용 제트엔진이나 가스터빈에 대한 용사기술을 축적하고 있던 올리콘 메트코가 자동차 실린더 코팅 분야로 진출한 계기는 F1과 VW의 FSI엔진이었다. F1에서는 1999년 이후의 도요타와 코스워스 엔진의 실린더용사를 담당하면서 한 때는 참가대수의 40%가 메트코 기술을

사용하기도 했다. 그런 연장선상에서 나스카에도 진출한다. 시판차량에서는 2000년에 VW 루포의 1.4FSI 엔진에 처음으로 적용되었다. 루포는 페르디난드 피에히의 야심작으로, 최신예 기술이 아낌없이 투입되었으며, 용사 적용도 그런 일환이었다.

그런 계기를 통해 VW그룹은 그 후로도 메트코의 용사기술을 대대적으로 사용하게 되면서 VW그룹의 고성능 엔진과 디젤엔진에까지 이르게 된다. 부가티 베이롱이나 포르쉐 918 스파이더의 실린더 내벽처리도 올리콘 메트코가 맡고 있다. 또한 애스턴마틴의 원-77, 모터GP의 두카티, VW그룹의 스카니아도 플라즈마 스프레이 용사기술을 사용하고 있다.

■ 용사 프로세스① | 용사 전 처리

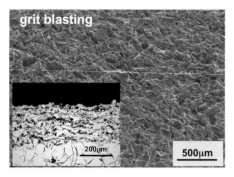

grit blasting
200μm
500μm

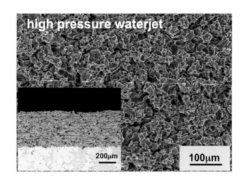

high pressure waterjet
200μm
100μm

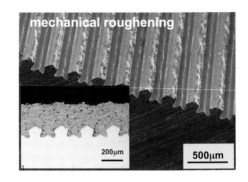

mechanical roughening
200μm
500μm

■ 제품가공의 불량을 결정하는 사항

플라즈마용사를 시공하기 이전단계에서 피막소재가 잘 붙게 하기 위한 사전작업이 먼저 이루어진다. 왼쪽사진은 소위 말하는 쇼트 플라즈마로서, 알루미나 분말을 내벽에 분사하는 방법이다. 밀착성이 좋고 비교적 싸기 때문에 현재는 주류를 차지하고 있지만 알루미나 소재의 폐자재처리와 양산상태에서의 품질처리 때문에 메이커의 생산현장에서는 환영받지 못하고 있다고 한다. 중간사진은 워터제트를 이용한 것이다. 설비비용이 문제가 되지만 최근에는 저압 펄스제트를 사용하는 장치가 개발되어 가격적인 문제도 해결되고 있다. 오른쪽사진은 기계가공을 통해 내벽에 요철을 준 모습. 닛산 GT-R의 플라즈마용사 전 처리는 이 방법으로 이루어진다.

■ 용사 프로세스② | 용사 방법

플라즈마·스프레이 용사

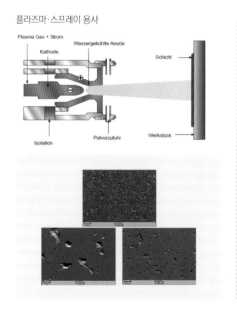

플라즈마·와이어 아크용사

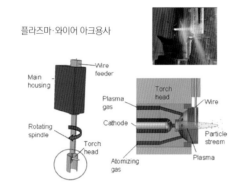

트윈 와이어 아크용사

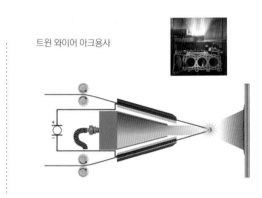

■ 열원과 용사소재의 조성에 따라 달라지는 방법

현재 이루어지고 있는 실린더 내벽 용사는 크게 3가지 방법이 있다. 첫 번째는 올리콘 메트코가 사용하고 있는 플라즈마·스프레이 방식. 두 번째는 열원으로 똑같은 플라즈마를 사용하기는 하지만 용사소재로 분말이 아니라 선 소재(와이어)를 사용하는 플라즈마·와이어 아크방식(PTWA)으로, 포드와 닛산차량 일부가 사용한다. 세 번째는 열원은 아크방법을 사용하고, 선 소재를 2방향에서 공급하는 트윈·와이어 아크방식이다. 다임러와 BMW가 이 방법을 채택하고 있다. 두 번째와 세 번째의 선 소재를 이용하는 방법은 분말에 비해 소재가격이 대폭 싸기 때문에 많이 사용하지만, 내벽에 용착된 소재 입자가 커지기 쉽다(좌측 사진의 3개 조각 가운데 아래 2개가 와이어방식으로 시공한 내벽표면). 분말에 비해 아무래도 미세화되기 어렵고, 시공할 때도 건과 내벽 사이의 거리를 확보할 필요가 있기 때문에 소구경 내벽의 실린더에는 적합하지 않다.

■ 용사 프로세스③ | 소재의 선택

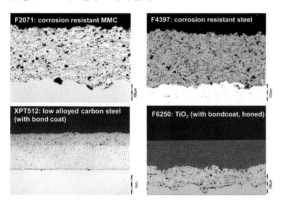

F2071: corrosion resistant MMC
F4397: corrosion resistant steel
XPT512: low alloyed carbon steel (with bond coat)
F6250: TiO₂ (with bondcoat, honed)

	C	Mn	Cr	Mo	Ni	Fe	others	HV 0.3
XPT512	1.0-1.3	1.4-1.6	1.4-1.6	-	-	balance		450
F4301	1.0-1.3	1.4-1.6	1.4-1.6	-	-	balance	30% Mo	450
F4334	1.0-1.3	1.4-1.6	1.4-1.6	-	-	balance	50% Mo	450
F2056	1.0-1.3	1.4-1.6	1.4-1.6	-	-	balance	35% Al $_2$O$_3$/ZrO$_2$	450
XPT627	0.4-0.5	0.4-0.8	12.0-14.0	2.0-3.0	-	balance		400
F2071	0.4-0.5	0.4-0.8	12.0-14.0	2.0-3.0	-	balance	35% Al $_2$O$_3$/ZrO$_2$	400
F4375	-	max 0.5	27.5-29.5	3.8-4.2	max. 0.3	balance		350
F2220	-	max 0.5	27.5-29.5	3.8-4.2	max. 0.3	balance	35% Al $_2$O$_3$/ZrO$_2$	350
F5122	-		5		20	-	75% Cr $_3$C$_2$	800
F2186	composition of F5122 with the addition of 20 wt-% of Mo							600
F6250	-						TiO$_2$	750
F6399	-						Cr$_2$O$_3$	850
F6397	-						FeTiO$_3$	550

■ 스프레이용사이기 때문에 가능한 다채로운 소재의 조합

플라즈마·스프레이 용사는 선 소재와 비교해 다양한 소재를 사용할 수 있다. 일반적인 시판차량용으로는 철 베이스에 카본, 망간, 크롬을 첨가한 것이다. 당초에는 윤활성능을 확보하기 위해 몰리브덴을 사용했지만 실제로 용사를 해나가면서는 고가의 몰리브덴을 사용할 필요가 없다는 것을 알게 되었다고 한다. 위 표에서 하부(파란 부분)은 세라믹스계열의 소재를 섞은 것으로, 오로지 레이싱 엔진용이다. 표 가장 우측의 수치는 비커스경도로서, 세라믹스를 사용하면 극단적으로 단단해진다는 것을 알 수 있다. 디젤엔진은 내식성을 높이기 위해 세라믹스를 섞는다(황색과 오렌지 부분. 크롬 양을 늘리는 경우도 있다). 단단한 소재를 사용하면 호닝 처리가 어려워진다.

SEM image of smooth honed surface

◢ 이름은 같아도 내용은 완전반대의 후가공

종래의 라이너나 도금처리과 비교했을 때 가장 다른 부분이 호닝이다. 기존의 호닝은 크로스해치라 불리는 방사선 형태의 홈을 내벽에 음각해 오일이 머무르게 했다. 그러나 이 방법을 사용하면 상·하사점에서 머물고 있던 오일이 닦이기(와이핑) 때문에 오일의 유지능력이 떨어진다. 용사에서는 홈이 아니라 기공에 오일이 머무르기 때문에 그런 현상이 발생하지 않는다. 용사에서의 호닝은 미러 호닝이라 불리는데, 내벽에 요철을 주는 것이 아니라 반대로 소재의 면을 평평하게 하는 공법이다. 옆의 흑백사진은 왼쪽이 호닝하기 전, 오른쪽이 호닝한 후이다. 이 미러 호닝이 오일의 유지능력과 함께 마찰손실을 크게 떨어뜨리는 요인으로 작용한다.

올리콘 메트코에서는 레이싱 엔진 같은 소량생산품에 대해서는 실린더를 인수해 자사에서 가공하지만, 일반승용차는 생산설비와 재료를 어셈블리로 납품하는 식의 두 가지 사업전략을 취하고 있다.

실린더 내벽의 용사 가공의 장점

기존의 라이너+호닝과 비교해 용사의 장점으로
1. 오일소비량·블로바이 가스량의 저감
2. 마모 내구성 향상
3. 경유나 바이오연료를 비롯한 알코올에 대한 내식성
4. 오일소비량 저감

등을 들 수 있지만 더 중요한 것은 클린성능으로, 현재 용사기술을 채택하는 메이커가 증가하는 것은 과급엔진이나 고압축비 엔진 공급이 늘어나면서 열 대책이 중시되고 있기 때문이라고 한다. 일본에서 가장 먼저 플라즈마 용사를 채택했던 닛산 GT-R도 사용하게 된 가장 큰 이유는 열 대책 때문인 것 같다. 물론 현재 상태에서는 비용적인 장벽이 있고 이것이 고성능 차량에 사용되는 이유이기도 하지만, 전체적인 가격도 낮아지고 있고 무엇보다 효능이 뛰어나기 때문에 일본 메이커도 눈독을 들이고 있는 것 같다. 자동차 메이커뿐만 아니라 실린더 블록이나 피스톤 링 생산업체도 용사 내벽에 최적화된 제품을 개발하고 있다고 한다.

또한 라이너가 없는 실린더로 만듦으로서 블록을 작게 만들고 가볍게 만드는 계획을 세울 수 있다. 근래에는 내경 피치가 10mm도 안 되는 실린더도 등장하고 있는데, 이런 설계에서는 라이너를 삽입할 여지가 전혀 없어서 용사를 필수적으로 채택할 수밖에 없다. 알루미늄합금 제품의 디젤엔진 같은 경우, 일반적으로 주철 라이너를 사용하지만, VW에서는 플라즈마용사를 사용해 라이너 없는 실린더를 양산한지가 약 10년이나 된다(직렬5기통 및 V형 10기통 디젤).

분말 스프레이 방식과 와이어 방식

용사처리를 하는데 있어서 메이커는 실린더의 피막을 약 200미크론이 넘게 주조한다. 다음으로 용사하기 전에 내벽표면을 먼저 사전처리한다. 이것은 녹은 용사소재가 내벽에 잘 밀착되도록 하기 위한 것으로, 도장하기 전의 샌딩과 똑같은 이유이다. 이 사전처리는 용사의 품질을 좌우하는 포인트로, 알루미나를 분사해 접착시키는 블라스트(Blast) 가공이 일반적일 뿐만 아니라 사전처리로서의 효능도 뛰어나다. 다만 블라스트 소재와 깎여나간 실린더 찌꺼기가 나오는 것이 불가피하기 때문에, 알루미나 소재의 폐기처리와 품질관리 측면에서 메이커에서는 블라스트를 선호하지 않는 것 같다. 대체기술로는 워터제트를 사용하는 방법이나 기계가공으로 요철을 만들어주는 방법 등이 있다. 비용과 성능을 감안하면서 메이커가 생산 상황에 맞게 결정한다.

실제 용사 단계에 들어가면 올리콘 메트코가 사용하는 플라즈마 스프레이 방식과 용사소재로 선을 사용하는 와이어 방식에 있어서 피막 두께에서 차이가 난다. 스프레이 방식은 200미크론(한 쪽 두께), 와이어 방식은 600미크론(한 쪽 두께)인 것이다. 이것이 분말방식과 선 소재 방식의 결정적인 차이로서, 분말 같은 경우는 미세하고 균일한 용사가 가능하지만 선 소재는 녹아서 분산된 용사소재 알갱이가 커진다. 그렇게 되면 뒤에서 언급할 호닝가공을 할 때 부드러운 표면조도를 얻기 위해서 플라즈마 용사보다 용사소재를 두껍게 해야 하는 상황이 발생한다. 또한 용사작업을 위해 건(Gun)을 실린더에 세팅할 때 가능한 용사소재를 균일하게 분사하기 위해 건과 내벽 간 거리를 벌려 용사각도를 확보할 필요가 있는데, 선 소재를 사용할 때는 용사소재 입자가 분말보다 훨씬 커서 거리를 더 벌려야 하기 때문에 지름이 작은 실린더에서는 불리하다든가, 내경이 큰 경우에는 내벽에 부착되는 동안 온도가 내려가 피막이 균일하지 않다든가, 기공이 필요 이상으로 커지는 등의 결점이 있다.

올리콘 메트코 일본에서의 실제 플라즈마 용사 견학

◤ 용사 건

우측사진은 올리콘 메트코 일본의 시제품 작업실로, 실제로 용사하는 작업을 견학할 수 있었다. 좌측 상단이 용사 건. 아래로 뻗은 막대보양이 실린더로 들어가 상하로 이동하면서 용사를 한다. 이 부분은 비스듬하게 장착되어 있는데, 건의 끝부분과 내벽의 거리를 조금이라도 벌려 분말이 균일하게 피복되도록 하기 위해서이다. 중간에서 테이프로 고정된 튜브는 분말이 지나가는 통로이다. 아래사진이 건의 끝부분이다.

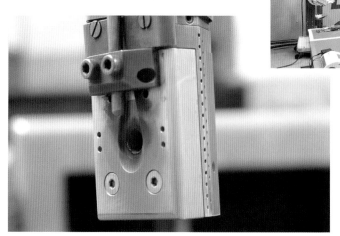

◤ 용사소재 혼합분말

실제로 사용하는 금속분말. XPT512라 불리는 것으로서 Fe와 C, Mn, Cr을 배합한 가장 일반적인 분말이다. 이 작업실에서는 메이커가 보낸 실린더의 시작가공을 위해 다양한 소재를 조합한 금속분말을 준비해 놓고 있다.

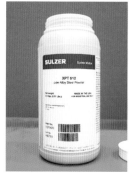

◤ 센싱

시공하는 실린더 라이너(사진은 더미 라이너)에는 온도센서가 연결되어 있어서 세밀한 온도 관리가 이루어진다. 이 외에도 다양한 정보를 모니터로 확인해 가면서 실제 용사 작동을 제어한다.

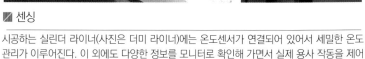

그럼에도 불구하고 올리콘 메트코 이외에서 선 소재를 사용한 와이어 방식을 쓰는 것은 전적으로 재료의 가격 때문이다. 감가상각되는 설비 투자와 달리 용사소재는 기계를 유지·가동하는 비용(런닝 코스트)이기 때문에, 라이너를 사용하는 방식보다 눈에 보일 정도로 증가하는 재료비는 메이커 입장에서 보면 아무래도 제어하고 싶은 부분인 것이다. 분말과 비교해 어느 정도 비용이 차이 나는지 알려주진 않았지만 「상당한 차이」가 나는 것은 확실한 것 같다. 사실 모 독일메이커의 용사를 위한 일부 주변설비 등을 올리콘 메트코가 납품하기도 했지만 이 메이커는 와이어방식을 고집했던 듯, 당초 용사소재까지 포함해 올리콘 메트코가 담당할 예정이었던 것을 분말방식에 집중투자하는 메트코 입장에선 소재 건에 관해서는 그만두겠다는 경위도 있었다고 한다.

용도에 따라 다양하게 사용하는 용사분말

와이어방식에 비해 분말방식이 뛰어난 다른 한 가지는 소재를 자유롭게 선택할 수 있다는 점이다. 선 소재 같은 경우는 복합재료를 선 소재로 사용하기 위해 선으로 가공하는 자체가 불가능하지만 분말소재를 사용하면 다양한 성분의 합금분말을 만들거나 혼합할 수 있다.

실제로 사용되는 분말은 철을 기본으로 해서 카본과 망간, 크롬을 배합한 것이 주류이다. VW의 1.4FSI에 플라즈마 용사를 사용하기로 결정했을 때는 처음 사용해 보는 기술이라 노파심에 윤활재로 몰리브덴을 배합하기도 했지만, 그 후에 채택된 직렬5기통과 V10(투아렉·페이튼 등에 탑재)에서는 몰리브덴을 넣지 않더라도 문제가 없다는 것이 확인되면서, 레이싱 엔진용을 제외하고는 고가의 몰리브덴을 사용하지 않으려는 방침이다.

디젤엔진은 경유의 유황성분이 나라에 따라 차이가 크고 내식성이 중시되기 때문에 그에 대한 대책으로 크롬을 많이 배합하는 경우도 있다. 레이싱 엔진은 사용회전속도 영역이 훨씬 높기 때문에 산화티탄이나 세라믹스 계열의 소재를 혼합해 처리경도(硬度)를 높인다. 가장 단단한 분말은 비커스 경도(HV)가 850으로, 일반용의 450보다 2배 가까이 경도가 높아진다. 이렇게 되면 호닝을 할 때 절삭공구가 문자 그대

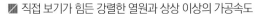

☑ 직접 보기가 힘든 강렬한 열원과 상상 이상의 가공속도

드디어 실제 용사작업 시작. 실외에서 스모크 유리 너머로 촬영한 것(엄청난 밝기 때문에)이기 때문에 선명하지 않은 점을 양해 바란다. 좌측 상단은 플라즈마 방전을 시작한 상태. 아직 실린더에는 넣지 않았기 때문에 가스도 나오지 않고 있다. 바로 우측사진은 건이 실린더로 들어가는 모습. 아래는 실린더 안으로 들어간 건이 회전하면서 분말을 용사하는 사진이다. 용사하는데 소요되는 시간은 30초 정도. VW의 5기통 엔진은 1-3-5와 2-4기통을 동시에 용사한 다음 라인 상에서 교체하는데, 사이클 시간이 약 75초밖에 안 걸린다. 모 일본산 엔진을 시공할 때는 36초가 걸렸다고 한다. 우측사진은 용사가 끝난 상태의 라이너. 용사 두께는 100미크론(실제 제품에서는 200미크론을 용사하고, 호닝 후에 100미크론이 된다). 표면은 만져 봐도 알 수 있을 정도로 매끈매끈하지만, 실제로는 계속해서 호닝을 통해 표면을 평평하게 처리한다.

로 이빨도 들어가지 않기 때문에 대량생산품에는 적합하지 않다. 덧붙이자면 라이너용 주철의 HV는 180~220, 일반적인 알루미늄합금은 100 전후, 단단하다고 알려진 크롬 몰리브덴강이라도 400 정도이다. 내마모성이라는 측면에서 용사 내벽가공이 주철 라이너보다 훨씬 고성능이라는 것을 알 수 있다.

기존의 방법과는 다른 호닝

용사가 끝난 실린더는 호닝가공으로 넘어간다. 용사가 아니라도 호닝은 이루어지지만 그 내용은 정반대이다. 통상적인 호닝은 크로스해치라고 하는 방사선 형상의 홈을 내벽에 「각인」한다. 용사처리한 실린더의 호닝은 용사소재가 붙으면서 소재의 입자가 그대로 남은 내

벽을 「평형하게」 가공하는 것이다.

피스톤이 상사점 또는 하사점에 도달한 이후 움직이는 방향을 바꿀 때, 홈을 통해 작용하던 오일이 쓸려 올라가면서 오일 덩어리를 닦아내는 「와이핑」이라고 불리는 현상이 발생하는 것은 오일의 유지를 선 형상의 홈에 의존하기 때문이다. 용사에서는 용사소재의 입자 사이에 있는 서로 분리된 기공(氣孔)에 오일을 가두기 때문에 이런 현상이 일어나지 않는다. 이 미세한 기공이 피스톤 링이 상하로 움직일 때 오일의 유지력을 높이고, 게다가 표면은 평평하기 때문에 마찰은 적다는 논리이다. 2만 rpm 가깝게 회전하는 F1엔진에 용사를 적용한 것은 방열성과 함께 마찰은 적고 오일 유지력은 높다는 증거라고도 할 수 있다.

호닝은 특유의 가공기술이기 때문에 올리콘 메트코가 용사를 의뢰받는 경우라도 자사에서는 하지 않고 전문업자에게 외주를 주고 있다.

용사의 진화는 주조기술의 진화

이처럼 용사가 라이너+호닝에 비해 장점이 많은 것은 사실이지만, 채용사례가 증가해 왔던 것은 그 성능뿐만 아니라 실린더 자체의 주조기술이 향상되었기 때문이라고 한다. 오픈 데크의 실린더는 고압주조를 통한 제조가 가능해 양산에 적합하기 때문에 시판차량의 실린더는 점차적으로 오픈 데크로 바뀌고 있지만, 고압주조는 빨리 만들 수 있는 만큼 품질이 안정되기 힘들고 주물 틈이나 미세한 구멍이 생기기 쉽다. 주조 후에 표면에서 주물 틈이 안 보이는 경우라도 블라스트 가공을 한 뒤에 표면이 깎여나가면서 주물 틈이 나타나는 경우도 있고, 용사에 따라서도 일정한 크기 이하가 아니면 이 주물 틈을 없앨 수는 없다. 초기에 레이싱 엔진에 용사가 많이 적용되었던 것은 비용적인 문제도 그렇지만 소량으로 생산하는 엔진이라 중력주조에다가 세심하게 실린더를 만들기 때문에 주물 틈이나 기공이 적었다는 것이 이유 가운데 하나였다. 시판차량에 있어서도 저압주조에는 어쩔 수 없이 클로즈드 데크에 한해 용사를 사용해 왔다. 그런데 최근에는 고압주조를 사용하는 사례가 증가하는 동시에 제품품질도 안정화되면서 오픈 데크 실린더에도 용사를 할 수 있게 되었다. 기술 가운데는 그것 단독으로는 발전도 안 되고 보급도 되지 않는다는 좋은 예일 것이다. VW그룹은 올리콘 메트코가, 또 다임러와 BMW도 적극적으로 용사를 추진하고 있지만 아직 일본 메이커에는 보편적으로 용사가 침투되지 못 하고 있다. 미마씨는 생산설비 변경을 수반하는 용사가 생산현장의 힘이 강한 일본에서는 수용하기 어려운 경향이 있다고 분석한다. 설계 검토를 하고 프로젝트로 진행이 된다 하더라도 설계진의 적극적인 관여가 없으면 종래의 기술방식과 단계가 완전히 다르기 때문에 문제가 발생할 것이라 한다. 하지만 독일 메이커들이 다운사이징과급과 DE 이후에 용사분야에까지 진출하는 것을 보고 일본 메이커도 자리에서 일어나 보편적인 용사의 적용에 나서고는 있다. 앞으로 용사실린더를 사용한 전혀 새로운 엔진이 본격적으로 양산될 것이다.

THE 커넥팅로드비

LOOKING THROUGH THE CONNECTING ROD RATIO

커넥팅 로드 비·왕복동엔진의 크랭크 암 길이에 대한 커넥팅 로드의 길이를 나타내는 지표이다.
고속회전을 많이 사용하지 않는 실용엔진에서는 3에서 4정도의 수치를 나타내며, 1만rpm을 웃도는 F1 엔진에서는 5를 쉽게 넘는다.
별로 회전속도가 높지 않는데 커넥팅 로드 비가 큰 엔진이 있는가 하면, 반대로 수치가 작은데 고속회전형인 엔진도 있다.
이론과 모순이 교차하는 승용차 엔진의 본질을 커넥팅 로드 비라는 단순한 숫자를 통해 살펴보자는 것이 이 칼럼의 주제이다.
소재는 유럽에서 으뜸가는 엔진 메이커 BMW의 과거 약 60년에 걸친 수많은 엔진들이다.

본문 : 사와무라 신타로 사진&일러스트 : 고토미 만자와 / 닛산

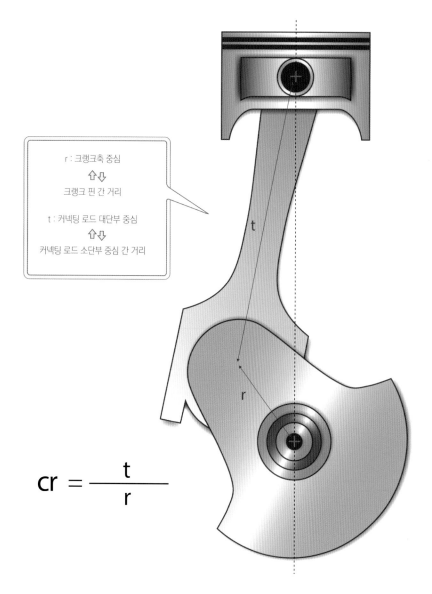

r : 크랭크축 중심
⇧⇩
크랭크 핀 간 거리

t : 커넥팅 로드 대단부 중심
⇧⇩
커넥팅 로드 소단부 중심 간 거리

$$cr = \frac{t}{r}$$

엔진 하부구조 특집이라고 한다. 그래서 커넥팅 로드 비에 관해 써달라는 것이다. 커넥팅 로드 비란 것이 도대체 무엇일까. 왕복엔진은 화석연료를 연소시켜 발생하는 피스톤의 상하운동을 크랭크축의 회전운동으로 바꾸어 운동에너지를 만들어낸다. 이때 크랭크의 암과 피스톤을 연결하는 것이 커넥팅 로드이다. 예전에는 연접봉이라고 하기도 했지만 지금은 거의 사용하지 않는 용어이다. 그건 그렇다 치고 엔진 하부구조 특집에서 커넥팅 로드를 다루어도 괜찮을까. 엔진 하부구조라고 하면 일반적으로 크랭크축 주변을 말한다. 실린더 헤드는 문자 그대로 머리 쪽이다. 그렇다면 커넥팅 로드가 들어 있는 실린더 부분은 몸통이 아닐까. 이렇게 말 했더니 특집의 핵심으로 크랭크축을 다루기 때문에 부수적으로 커넥팅 로드 메커니즘까지 상세하게 다룬다는 것이다. 강변을 해봐도 어쩔 수 없기 때문에 이해는 안 가지만 편집부의 의도가 그렇다고 하니 그냥 따르기로 했다. 독자들도 함께 이런 경위를 이해하고 읽어주기 바란다.

BMW 엔진의 주요제원과 커넥팅 로드 비

	탑재차량	연식	배기량 (cc)	내경 (mm)	행정 (mm)	최고출력 (ps)	최고출력 회전속도 (rpm)	커넥팅 로드 대소단부 중심거리 (mm)	출력/ℓ	회전 피스톤 속도 (m/s)	커넥팅 로드 비
4기통											
M116	E116	1964	1573	84.0	71.0	83	5500	135.0	52.77	13.02	3.80
M118	E6	1963	1773	84.0	80.0	90	5250	135.0	50.76	14.00	3.38
M118 shortstroke	E6	1968	1766	89.0	71.0	90	5250	135.0	50.96	12.43	3.80
M05	E6	1965	1990	89.0	80.0	100	5500	135.0	50.25	14.67	3.38
M12/13	F1	1982	1499	89.2	60.0	582	-	153.6	388.26	-	5.12
S14Evo	E30	1988	2303	93.4	84.0	220	6750	144.0	95.53	18.90	3.43
S14/B20	E30	1989	1990	93.4	82.6	195	6900	149.7	97.99	19.00	3.62
M40/B16(Cat)	E30	1988	1596	84.0	82.0	101	5500	135.0	63.28	15.03	3.29
M40/B18(Cat)	E36	1991	1796	84.0	81.0	115	5500	140.0	64.03	14.85	3.46
M43/B16	E36	1993	1596	84.0	72.0	103	5500	145.0	64.54	13.20	4.03
M43/B18	E36	1993	1796	84.0	81.0	117	5500	140.0	65.14	14.85	3.46
M43TU/B19	E36	1995	1895	85.0	83.5	142	6000	140.0	74.93	16.70	3.35
M44/B18	E36	1992	1796	84.0	81.0	140	6000	140.0	77.95	16.20	3.46
M44/B19	E36	1995	1895	85.0	83.5	140	6000	140.0	73.88	16.70	3.35
M43TU/B19	E46	1998	1895	85.0	83.5	120	5300	140.0	63.32	14.75	3.35
M41D17	E36	1994	1951	84.0	88.0	90	4400	130.0	46.13	12.91	2.95
M47D20	E46	1998	1951	84.0	88.0	136	4000	135.0	69.71	11.73	3.07
N47D20O0	E90	2007	1995	84.0	90.0	177	4000	138.0	88.72	12.00	3.07
6기통											
M06	E3	1968	2494	86.0	71.6	152	6000	135.0	60.95	14.32	3.77
M06	E3	1968	2788	86.0	80.0	172	6000	135.0	61.69	16.00	3.38
M20	E9	1972	3003	89.3	80.0	203	5500	135.0	67.60	14.67	3.38
M57	E3	1973	2986	89.0	80.0	198	5500	135.0	66.31	14.67	3.38
M55	E3	1974	3299	89.0	88.4	193	5500	135.0	58.50	16.21	3.05
M69	E3	1976	3210	89.0	86.0	200	5500	135.0	62.31	15.77	3.14
M30/B33	E3	1973	3259	89.0	88.4	190	5500	135.0	58.30	16.21	3.05
M90	E24	1978	3453	93.4	84.0	221	5200	135.0	64.00	14.56	3.21
M30/B35	E23	1982	3430	92.0	86.0	221	5200	135.0	64.43	14.91	3.14
M88/1	E23	-	3453	93.4	84.0	470	9000	146.0	136.11	25.20	3.48
S31/B35ME (M88/3)	E24	1983	3453	93.4	84.0	290	6500	144.0	83.98	18.20	3.43
S38/B36	E34	1988	3535	93.4	86.0	319	6900	144.0	90.24	19.78	3.35
S38/B38	E34	1992	3795	94.6	90.0	340	6900	142.5	89.59	20.70	3.17
M60	E12, E21	1977	1990	80.0	66.0	124	6000	130.0	62.31	13.20	3.94
M20/B23	E30	1982	2316	80.0	76.8	141	5300	130.0	60.88	13.57	3.39
M20/B25	E30	1985	2494	84.0	75.0	173	5800	135.0	69.37	14.50	3.60
M103 (ETA)	E28	1981	2693	84.0	81.0	124	4250	130.0	46.05	11.48	3.21
M50/B20	E34	1989	1991	80.0	66.0	152	5900	135.0	76.34	12.98	4.09
M50/B25	E34	1989	2494	84.0	75.0	195	5900	135.0	78.19	14.75	3.60
M52/B20	E36	1994	1991	80.0	66.0	152	5900	145.0	76.34	12.98	4.39
M52/B25	E39	1995	2494	84.0	75.0	172	5500	140.0	68.97	13.75	3.73
M52/B28	E36	1994	2793	84.0	84.0	193	5300	135.0	69.10	14.84	3.21
M52/B20TU	E46	1998	1991	80.0	66.0	152	5900	145.0	76.34	12.98	4.39
M52/B25TU	E46	1998	2494	84.0	75.0	172	5500	140.0	68.97	13.75	3.73
M52/B28TU	E46	1998	2793	84.0	84.0	193	5300	135.0	69.10	14.84	3.21
M54/B30	E46	2000	2979	84.0	89.6	231	5900	135.0	77.54	17.62	3.01
S50/B30	E36	1992	2990	86.0	85.8	286	7000	142.3	95.65	20.02	3.32
S50/B32	E36	1995	3201	86.4	91.0	321	7400	139.0	100.28	22.45	3.05
8기통											
M60/B40	E31, E38, E34	1990	3982	89.0	80.0	290	5800	143.0	72.83	15.47	3.58
M60/B30	E31, E38, E34	1992	2997	84.0	67.6	221	5800	143.0	73.74	13.07	4.23
M62/B35	E38, E39	1996	3498	84.0	78.9	238	5700	143.0	68.04	14.99	3.62
M62/B44	E38, E39	1996	4398	92.0	82.7	290	5700	143.0	65.94	15.71	3.46
M62/B35	E38, E39	1998	3498	84.0	78.9	238	5700	143.0	68.04	14.99	3.62
M62/B44	E39、E38	1998	4398	92.0	82.7	290	5400	143.0	65.94	14.89	3.46
N62TU/B48	E65、E60	2005	4798	93.0	88.3	367	6300	138.5	76.49	18.54	3.14
S62/B50	E39	1998	4941	94.0	89.0	406	6600	141.5	82.17	19.58	3.18
S65/B40A	E90/E92	2007	3999	82.0	75.2	425	8300	140.7	106.28	20.81	3.74
10기통											
S85/B50A	E60	2004	4999	92.0	75.2	507	7750	140.7	101.42	19.43	3.74
12기통											
M33	-	1972	4998	86.0	71.6	304	5700	150.0	60.82	13.60	4.19
M66	E23	1976	4463	80.0	74.0	278	5700	135.0	62.29	14.06	3.65
M70/B50	E32	1986	4988	84.0	75.0	304	5200	135.0	60.95	13.00	3.60
S70/B56	E31	1993	5576	86.0	80.0	385	5300	135.0	69.05	14.13	3.38
S70/2	McLaren	1993	6064	86.0	87.0	637	7500	142.6	105.05	21.75	3.28

커넥팅 로드 비에 관한 이론

그럼 지금부터는 순수한 기계공학에 대한 논리이다. 커넥팅 로드 비란 커넥팅 로드와 크랭크 암과의 길이에 대한 비율이다. 정확하게는 전자는 커넥팅 로드 대단부 중심과 소단부 중심과의 거리이고, 후자는 메인 저널 중심과 핀 중심과의 거리이다.

피스톤이 상사점 위치에 있을 때 커넥팅 로드는 수직이 된다. 하사점 위치에 있을 때도 마찬가지로 수직이다. 하지만 상사점과 하사점 사이에 있을 때 크랭크의 암은 옆으로 돌출되고 커넥팅 로드는 비스듬하게 위치한다. 이때 피스톤 핀 중심(정확하게는 1mm 전후의 핀 옵셋이 항상 존재하지만 여기서는 없는 것으로 간주한다)과 메인 저널 중심을 잇는 가상의 선을 밑변으로 하면 크랭크 암과 커넥팅 로드는 삼각형을 그리게 된다. 크랭크가 회전하는데 따라 삼각형의 밑변은 수직인 상태에서 길이가 늘어났다 줄었다 하며, 동시에 삼각형의 정점이 이동하면서 나머지 2변의 길이와 기울기도 변하게 된다.

이렇게 삼각형 형태가 바뀌면 어떤 일이 일어날까. 피스톤은 디젤용처럼 투박한 주철제품이든, 레이스용처럼 초경량 알루미늄 단조품이든 질량이라는 것을 갖으며, 피스톤 핀 역시 주철제품이라 의외로 무겁고 상하운동과 더불어 관성질량으로 작용한다. 또한 커넥팅 로드 자체의 무게도 1/4에서 1/3정도는 관성질량으로 기능한다. 게다가 연소행정에서는 연소압력이 관성질량에 추가되면서 피스톤을 밀어내리려고 한다. 이런 것들은 수직방향으로 힘이 작용한다.

이때 커넥팅 로드가 기울어 있으면 그 수직방향의 힘은 피스톤을 안내하는 커넥팅 로드가 기울어져 있는 탓에 크랭크의 암을 미는 힘으로만 작용할 뿐만 아니라 피스톤을 옆으로 누르는 힘까지 만들어진다.

피스톤이 옆으로 눌리면 실린더 벽과의 사이에 윤활유를 매개로 하는 마찰손실이 발생한다. 마찰손실은 엔진효율을 감소시킨다. 출력토크는 작아지고 연비는 나빠지며, 회전속도상승은 둔해지고 윤활유 온도는 높아져 자칫하다가는 눌러붙을 수도 있다. 또한 착화 직후에 연소실 내 압력이 급격하게 상승할 때 피스톤은 횡으로 쏠려 피스톤 슬랩이라고 하는 타격음이 나면서 엔진의 소리진동 요건을 악화시킨다. 자동차 잡지의 어린아이 같은 식으로 표현하면 데굴데굴거리며 무거워서 돌고 싶어 하지 않는 엔진이 되어버리는 것이다.

그런 것을 피하려면 어떻게 하는 것이 좋을까. 하나는 크랭크 암을 짧게 하는 것이다. 크랭크 암의 길이는 행정의 절반이기 때문에 단행정으로 만들면 되는 것이다. 또는 커넥팅 로드를 길게 하는 것도 한 가지 방법이다. 어느 쪽이든 밑변과 커넥팅 로드의 변이 만드는 내각을 작게 하면 되는 것이고, 요는 비

율이다. 커넥팅 로드 등에서의 길이 비율을 말한다. 이 비율을 커넥팅 로드 비라고 부르는 것이다. 비율이라고 하면 나눗셈을 말하는데, 이 경우 분모는 크랭크 암의 길이이고 분자는 커넥팅 로드의 길이이다. 그렇다는 말은 앞서의 폐해는 커넥팅 로드 비가 클수록 적어지게 된다.

세세하게 말하자면 커넥팅 로드 비는 위에서 살펴본 것 외에 다른 엔진 특성요소에도 관여한다. 커넥팅 로드의 기울기가 크면 피스톤이 상승운동하는 속도가 아주 약간이지만 빨라진다. 엔진을 설계할 때 피스톤의 평균속도가 흡기 유속과의 균형 때문에 초당 25m가 한계라든가 시간손실을 좌우한다는 등과 같은 다양한 측면에서 중요한 요인이기는 하지만, 실제로 피스톤이 항상 일정한 속도로만 움직이는 것은 아니고 상사점과 하사점에서는 속도가 제로이다. 또한 정확하게 한 가운데(크랭크 암이 완전히 가로상태일 때) 부근에서는 속도가 최고에 도달하는데, 그 최고속도는 평균속도의 1.60~1.67배에 이른다. 커넥팅 로드 비가 작으면 평균속도는 바뀌지 않는데도(행정이 바뀔 까닭이 없기 때문에 rpm에 대해 항상 일정하게 정해져 있다) 불구하고 최고속도까지 뻗치거나, 피스톤 가속도가 커지거나 한다. 별로 바람직하지 않은 현상이 발생하는 것이다.

이런 이유로 커넥팅 로드 비를 크게 하고 싶어 하지 않는다. 행정은 엔진설계의 근간이라 할 수 있는 연소실 형상을 필두로 기타 여러 우선적 요소들로 인해 결정되기 때문에 현실적으로 커넥팅 로드길이를 늘리게 된다.

그런데 커넥팅 로드길이를 늘리려면 블록길이도 늘릴 수밖에 없다. 그러면 엔진은 무거워진다. 보행자 보호요건 때문에 엔진 머리 쪽을 낮게 해달라는 차체 담당자의 요구, 언더 스티어 경향이 강하다는 말을 듣고 싶지 않으니까 엔진 무게중심을 낮춰달라는 실험 담당자의 요청에도 불구하고 가변밸브 시스템으로 가득 찬 헤드는 보닛을 뚫고 나올 수밖에 없다. 커넥팅 로드 자체도 무거워진다. 관성질량이 늘어나 상쇄가 되면 일부러 늘린 의미가 없다.

한편으로 짧게 하는데도 한계가 있다. V형 엔진에서는 너무 짧게 하면 마주한 뱅크의 커넥팅 로드 설계가 성립되지 않는다. 한도가 있는 것이다.

그렇다면 커넥팅 로드는 어느 정도가 적당할까.

답부터 말하자면 3.0~4.0 정도가 적당하다는 것이다. 회전출력이 중요한 자연흡기의 스포츠카용 엔진이나 경기용 엔진 같은 경우는 4.0 정도를 겨냥하는 것이 정석으로 이야기된다. 배기량을 늘리려는 차량 기획 쪽의 지시를 받고, 그렇다고 새로운 롱 블록을 가격요건이나 차량 탑재성 요건에 발목을 잡혀 포기했을 경우라 해도 3.0 근처까지는 낮추고 싶어 하지 않는다. 이 정도가 현실적인 것 같다.

전투용 커넥팅 로드 비의 과거와 현재

그러면 동서고금을 통한 여러 엔진의 커넥팅 로드 비를 살펴보겠다.

고틀리프 다임러가 세계최초로 만든 원동기형 2륜차의 단기통 엔진은 사실은 사제였던 빌헬름 마이바흐가 설계한 것이었다. 이 엔진은 내경58mm×행정100mm의 264cc로, 커넥팅 로드 대·소단부 중심간 거리는 도면으로 재었더니 200mm였다. 이것은 커넥팅 로드 비율이 4.00이라는 뜻이다. 즉 최고출력 0.5hp를 발휘하는 700rpm일 때의 평균 피스톤속도는 초당 2.3m이다.

시대는 흘러 1913년에 에르네스트 앙리가 푸조 경기차량을 위해서 만든 세계최초의 DOHC 4밸브 장치인 L3형 직렬4기통은 78×156mm에 2982cc로, 커넥팅 로드는 261mm에 커넥팅 로드 비는 3.37이었다. 초창기의 엔진을 지금 시각에서 보면 이상할 정도로 장행정이지만, 커넥팅 로드 비는 나름대로 유지하고 있었던 것이다.

1930년대에 들어오면 엔진기술은 항공군사 요청에 힘입어 급격하게 발전한다. 열형(列型)수냉에서는 V12라고 하는 궁극적인 배치형태가 등장하고 이것이 자동차 레이스용에도 영향을 미친다. 일례로 벤츠의 M148형 6.0리터 80° V12(82×95mm)도 190mm의 커넥팅 로드로 커넥팅 로드 비는 4.00이었다.

덧붙이자면 항공기용으로 크게 발달한 공냉성형(空冷星形)은 1개의 메인 커넥팅 로드에 다른 기통의 서브 커넥팅 로드가 연결되는 설계라 단순하게 커넥팅 로드 비율을 산출하기는 어렵지만 대략 4.0 정도가 목표였던 것 같다.

다음은 전후 세대로 넘어가는데 먼저 화려한 쪽부터 살펴보겠다. 페라리는 10년 전 정도까지 과거의 주인공이었던 경기차량의 엔진스펙을 커넥팅 로드 대·소단부 중심간 거리의 수치와 함께 공식 사이트에 게재했던 드문 메이커로, 거기서 뽑아낸 F1머신의 데이터는 대략 다음 정도이다.

1961년에 미드십으로 바뀌면서 세계 타이틀을 획득했던 156F1에 탑재되었던 1.5 V6은 4.29였고, 70년대에 황금시대를 구가했던 312T 시리즈의 180° V12는 4.52였다. 시대를 지나 세나에게 충돌당하면서 스즈카에 흩어졌던 알랭 프로스트의 641은 3.5V12를 장착했지만 커넥팅 로드 비는 4.26이었다. 슈마허에 의해 오랜만에 세계왕좌에 빛났던 2000년의 머신에 탑재되었던 3.0 V10은 5.22였다. 그 전년의 F399 V10은 더 커서 5.46이었다.

한편 포르쉐는 탄생 연도의 911에 장착했던 2.0 수평대향 6기통이 3.94였다. 시대와 함께 커넥팅 로드 비도 떨어지면서 993RS의 3.8에서는 3.22까지 내려갔다.

일본산 엔진의 커넥팅 로드 비

일본의 엔진도 살펴보겠다.

왕년의 명품엔진으로 이름난 2T-G형 1.6리터 직렬 4기통은 3.51이었고, 후속기종인 4A-G형은 3.17로 낮아졌다. 돌려도 힘이 안 나온다고 했던 원인이 뜻밖에도 여기에 있었는지도 모른다.

닛산은 오랫동안 활약했던 A12형 1.2리터 직렬4기통이 3.57이었지만, 80년대의 주력이었던 CA18형이나 SR20형은 3.18과 3.17이었다. 다만 FJ20형 2.0리터 직렬4기통은 3.50을 가까스로 지켜냈다. 한편으로 L형 직렬6기통은 단행정 2.0리터인 L20형이 3.82이었던데 반해 2.8리터의 L28형에서는 3.30을 견지했다. L형은 정확하게만 장착하면 제대로 돌아간다는 것이 상식인데 이것은 커넥팅 로드 비만 보더라도 납득이 간다. 덧붙이자면 L형의 생산설비를 사용한 RB형은 2리터가 3.49이고 GT-R전용인 2.6리터가 3.30이다. 이 엔진의 호적수였던 도요타 2JZ형 3.0리터 직렬6기통도 마찬가지로 3.30이었다.

닛산은 RB계열이 활약했던 1980년대에 VG형의 60° V6도 생산했었다. 하지만 60° V6를 등간격으로 착화하려고 하면 서로 마주한 뱅크의 실린더가 같은 크랭크 핀을 공유할 수 있는 사이드 바이 사이드 방식의 크랭크축이 성립되지 않기 때문에, 핀을 60° 어긋나게 한 다음 사이에 웹을 끼우게 된다. 때문에 그 웹만큼 블록 사이가 벌어지면서 필연적으로 긴 내경에 짧은 행정이 되기 쉽다. 또한 앞서 언급했듯이 커넥팅 로드도 짧게 하기가 어렵다. 따라서 커넥팅 로드 비는 커진다. 그뿐만 아니라 설계진은 커넥팅 로드 비를 높게 유지하겠다는 의지를 볼 수 있는 흔적이 있다.

2.0리터인 VG20형은 69.7mm 행정에 138.6mm의 커넥팅 로드를 조합해 커넥팅 로드 비는 3.98이다. 그리고 3.0리터인 VG30형은 83mm로 행정이 길어지면서 커넥팅 로드 비가 떨어지는 것을 꺼려 일부러 24.2mm가 더 높은 전용블록을 만들어 커넥팅 로드를 154.5mm로 만듦으로써 커넥팅 로드 비는 3.71에 머물렀다. 대단한 것은 VG20DET이다. 2.0에서는 이 엔진만 VG30형의 롱 블록을 사용해 커넥팅 로드 160.8mm에, 커넥팅 로드 비는 4.61이라고 하는 F1에 필적할 만한 수치를 가졌다.

그런데 알루미늄 블록으로 바뀐 VQ형에서는 블록이 VG30과 VG20~25의 중간 정도가 되면서 커넥팅 로드의 대·소단부 중심간 거리가 일제히 짧아졌다. 그런 한편으로 3.5리터까지 확대하기 위해 VG형보다 큰 내경×짧은 행정 형식으로 고쳤기 때문에 커넥팅 로드 비는 3리터 사양에서 4.0을 초과하는 고속회전 타입으로 바뀌었다.

그리고 VQ가 업그레이드 사양인 HR로 바뀔 때 VQ30HR 이상 배기량의 블록은 다시 높아졌다. 하지만 그래도 3.7리터인 VQ37VRH나 GT-R용인 VR38DETT는 행정을 길게 하기 위해 3.5 이하가 된다.

롱 블록이라 할 때 생각나는 것은 혼다이다. 혼다는 가로배치 FF가 특기인 회사이다. 때문에 엔진 전장을 좁히려는 경향을 띤다. 그러면 작은 내경×긴 행정이 되면서 커넥팅 로드 비도 난처해진다. 그러나 그런 가운데 주목할 만한 것은 B16B형인 98스펙R의 사양으로, 이 엔진은 KE9계열인 시빅 타입R에 장착된 것이다. 이때 혼다는 높은 블록을 전용해 커넥팅 로드길이를 늘리는 방식을 취했다. 그 결과 커넥팅 로드 비는 3.7 가깝게 향상된다. 116ps/ℓ의 비출력(比出力)과 8400rpm의 회전한계는 이렇게 실현된 것이다. 그리고 폐차에서 탈착한 B16B형 98스펙을 자신의 시빅 기준차량에 장착하려던 스피드 마니아는 보닛이 닫히지 않는다는 것을 깨닫고는 실망을 금치 못했다. 홍보자료를 통째로 베껴 전문가가 포트를 연마했기 때문에 엔진이 잘 돈다고 글을 썼던 자동차 평론가는 비웃음을 받기도 했다.

바바리아 커넥팅 로드 비 열전

커넥팅 로드의 대·소단부 중심간 거리를 보는 것만으로도 여러 이야기들이 떠오르지만 어느 의미에서 가장 강렬한 것은 BMW의 M용 엔진이다.

지금은 전멸 위기에 놓여 있는 BMW의 직렬6기통은 1970년대 후반에 등장한 주철블록 제품의 소위 라이트 식스에서 유래되었다. 이 라이트 식스는 내경 중심간 거리를 91mm로 설정하고 배기량은 2.0~2.3리터 정도로 상정했는데, 2.3리터에서도 80×76.8mm의 단행정으로 만들었다. 커넥팅 로드는 배기량에 상관없이 130mm인 관계로 커넥팅 로드 비율은 2.0이 3.94, 2.3이 3.39였다. 그리고 80년대에 2.5버전을 추가할 때는 내경 쪽을 공략함으로써 행정을 단축해 135mm 커넥팅 로드로 커넥팅 로드 비를 3.60으로 유지했다.

그러나 90년대에 알루미늄 블록으로 바꾸면서 2.8이나 3.0까지 확대한 시점에서 한계에 다다랐다. 내경은 84mm가 한계이기 때문에 행정을 연장하게 되는데, 파장이 커넥팅 로드에까지 미쳐 커넥팅 로드 비는 3.0에서는 3.01까지 떨어지게 되었다.

곤란해 진 것은 성능과 정감을 간판으로 하는 M용 엔진이다. E36계열의 S50B30형 3.0리터에서 시작된 이 시리즈는 E36계열 후기형에서 3.2리터로 바뀌었다가 E46계열에서 배기량이 약간 더 증가했다. 그것은 라이트 식스계열의 물리적 한계에 도전하는 드라마 그 자체가 아닐 수 없었다.

E36계열 전기인 S50/B30형에서 M GmbH는 내경을 당시까지의 라이트 식스계열에는 없었던 86mm를 적용했다. 내경 피치가 91mm이기 때문에 실린더 간격은 불과 5mm에 불과. 아무리 강도가 뛰어난 주철 블록이라 하더라도 이것은 이제 여유가 없는 숫자이다. 이런 86mm로 3.0리터를 얻기 위해 행정은 85.8mm로 설정했다. 이에 반해 커넥팅 로드는 142.3mm에 커넥팅 로드 비는 3.32라고 하는 평범한 숫자에 그쳤다. 이런 상태임에도 불구하고 회전한계 7250mm까지 돌려 성능에 불만을 갖지 않게 했으므로 M GmbH가 엔진을 만들어내는 기술은 실로 굉장했던 것이다.

그런데 M3의 엔진은 후기형에서 다시 새로운 출력을 요구 받으면서 3.2리터로 바뀌는데, 그를 위해 내경은 0.4mm가 넓어진 86.4mm가 된다. 그러나 당연히 이 정도로 0.2리터 증가는 무리이기 때문에 행정을 91mm로 늘리지 않을 수 없었다. 그런데 이대로는 커넥팅 로드 비가 너무 낮아서 보닛이 닫히는 범위에서 최대한 블록 높이를 높였지만, 그래도 커넥팅 로드 길이는 139mm에 커넥팅 로드 비는 3.05에 그쳤다. 어느새 보통 승용차 이하의 수치로 바뀐 것이다.

계속해서 E46계열로 다시 세대 교체되었을 때 또다시 배기량 확대를 도모한다. 그러기 위해서 기준차량은 블록을 알루미늄으로 바꾸어도 주철 그대로 가기로 한다. 그래도 손을 델 여지는 이미 거의 남아있지 않다. 높이도 높일 수 없고, 때문에 커넥팅 로드도 연장할 수 없는 지경인 것이다. 원래부터 행정의 연장은 크랭크의 암과 블록이 간섭할 수밖에 없기 때문에 무리이다. 그래서 내경을 공략하게 된다. 넓어진 것은 불과 0.6mm로, 배기량으로 하면 45cc에 불과했다. 내경은 87mm. 이렇다는 것은 실린더 간격이 4mm라는 이야이고, 이것은 엔진설계 이론을 일탈할 수밖에 없는 얇기이다.

이렇게 무리에 무리를 거듭한 설계의 엔진을 8000rpm까지 돌리기 위해 베어링 폭을 좁힘으로서 마찰손실 저감을 계획했기 때문에 BMW는 비싼 대가를 지불하게 되었다. 전 세계에서 윤활불량에 따른 엔진 블로가 속출. 이로 인해 BMW는 몇 번의 리콜을 반복하면서 윤활계통의 능력을 증대시킨 것이다.

사실 피스톤 측압을 느끼는 방법이 커넥팅 로드 비를 확대하는 것만은 아니다. 많은 열형(列型)엔진이 사용하는 옵셋 크랭크도 한 가지 방법이다. 크랭크를 기통중심에서 몇 mm 옮기는 이 설계는 피스톤 속도가 빨라지는 장행정 엔진에서 연소압력을 피스톤이 받을 때 이점이 있지만, 그와 동시에 하강행정에서의 피스톤 측압을 줄일 수 있다. 이에 대한 상세한 설명은 이야기가 길어지므로 다음번 엔진특집에서 다루기로 하겠다. 이렇게나 글이 길어진 것을 본 담당자가 발광하고 있기 때문이다.

불균형 성분을 해소하는
밸런스 축의 실제 사례해

EXAMPLE OF BALANCE SHAFT

왕복 피스톤엔진은 연소로 인한 피스톤의 상하운동을 회전운동으로 변환시킨다.
하지만 엔진의 「힘」이 되지 않는 여분의 진동도 발생한다.
이것을 없앨 것인지 또는 「느끼지 못하게 할 것인지」도 설계하는데 있어서는 주요사항이다.

본문 : 마키노 시게오 그림 : BMW / 크라이슬러 / 피아트 / 재규어-랜드로버 / 마쯔다 / 구마가이 도시나오 / 마키노 시게오

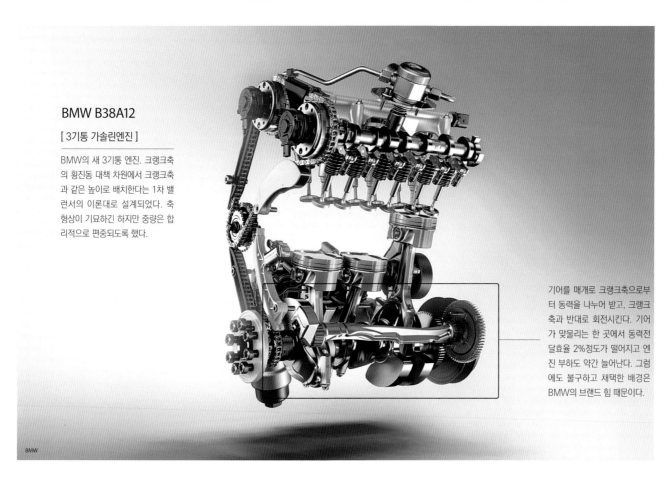

BMW B38A12

[3기통 가솔린엔진]

BMW의 새 3기통 엔진. 크랭크축
의 횡진동 대책 차원에서 크랭크축
과 같은 높이로 배치한다는 1차 밸
런서의 이론대로 설계되었다. 축
형상이 기묘하긴 하지만 중량은 합
리적으로 편중되도록 했다.

기어를 매개로 크랭크축으로부
터 동력을 나누어 받고, 크랭크
축과 반대로 회전시킨다. 기어
가 맞물리는 한 곳에서 동력전
달효율 2%정도가 떨어지고 엔
진 부하도 약간 늘어난다. 그럼
에도 불구하고 채택한 배경은
BMW의 브랜드 힘 때문이다.

BMW

크랭크축으로부터 기어를 통해 동력을 나누어 받고, 크랭크축과는 반대 방향으로 회전한다. 톱니바퀴가 맞물리는 한 곳에서 동력전달효율이 2% 정도 떨어지고 엔진부하도 약간 늘어난다. 그럼에도 불구하고 채택한 이유는 BMW 브랜드의 힘이다.

내부에서만 피스톤이 위아래로 움직인다면, 가령 속업소버처럼 상하운동만 한다면 엔진의 진동은 훨씬 작아진다. 엔진진동은 피스톤이 받는 연소압력, 그 피스톤이 상하로 움직일 때의 관성력, 피스톤의 상하운동으로 인해 크랭크축이 연동해서 회전하면서 발생하는 좌우방향의 관성력 등이 겹친 것이다. 그 중에서도 횡방향, 직렬엔진 같은 경우는 피스톤의 상하운동과 90도 각도로 직교하는 「흔들림(Shake)」영향이 크다.

이것은 크랭크축 양쪽 끝을 서로 반대 방향으로 돌리는 「세차(歲差)운동」을 일으키는 가장 큰 원인이다.

피스톤이 상하로 운동하는 상황을 1기통에서 살펴보면, 피스톤이 상하로 움직일 때의 관성력이 가장 크다. 그래서 크랭크축에 카운터 웨이트를 달아 피스톤이 상승할 때는 반대로 카운터 웨이트가 하강하도록 하고 있다. 실제로는 카운터 웨이트 쪽에서 발생하는 관성력보다 피스톤 쪽 관성력이 큰 편인데, 없는 것보다는 낫다. 레이싱 엔진을 별도로 치고, 일반적인 엔진에서는 크랭크축의 웹 부분에 보통 「추」를 단다.

하지만 기통이 늘어나면 이야기는 복잡해진다. 피스톤이 하강할 때는 상승할 때보다 관성력이 작아진다는 사실을 직렬4기통을 통해 살펴보

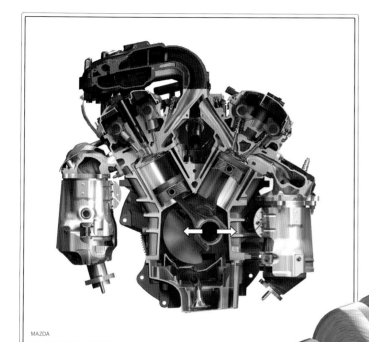

MAZDA

진동의 불균형 정도

	실린더수	2차진동	우력 (세차 歲差)
직렬	3	◎	△
	4	×	○
	6	◎	◎
V형	60° V6	○	△
	90° V8	○	○

필자의 독자적인 의견도 들어가 있지만 3기통에서 8기통까지의 대표적인 엔진들 가운데 불균형 정도를 평가해 보았다. 직렬4기통의 관성 불균형은 최악이다.

크랭크 핀의 위치는 서로 120도가 어긋나 있다. 크랭크축의 회전만 생각하면 관성력의 불균형 성분이 별로 안 된다. 하지만 엔진에는 피스톤이 있다.

밸런스 축 양쪽 끝에 있는 「추」에 주목. 조그만 구멍이 나 있는 위치는 그 옆에 있는 크랭크축 상의 카운터 웨이트와 정확하게 180도만큼 어긋나 있다.

3기통 엔진의 밸런스 축 배치

앞 페이지의 밸런스 축을 따로 확대해 보면 이런 모습이다. 추의 편중이 크랭크축의 카운터 웨이트와 대비된다. 이 축이 크랭크축과 반대방향으로 회전하면 우력 가운데 상당 부분을 없앨 수 있다.

면, 피스톤이 위에 있는 1/4번 실린더와 피스톤이 아래에 있는 2/3번 실린더에서는 서로 인접한 실린더끼리라도 관성력이 균형을 이루지 않는다. 더구나 연소하는 것은 4개 가운데 1기통으로, 연소압력을 받은 피스톤은 다른 기통을 잡아당기는 기세로 하강한다.

이것이 원인으로 작용해 직렬4기통 엔진은 1번 기통과 4번 기통의 위치, 즉 크랭크축 양쪽 끝을 잡고 역방향으로 도는 불균형한 힘이 발생하게 된다.

대략적으로만 말하자면 직렬4기통 엔진에서 크랭크축이 회전할 때는 회전축과 직교하는 횡방향의 관성력을 만든다는 것이다. 크랭크축이 1회전하는 동안 어떤 실린더든지 반드시 횡방향 관성력을 만든다. 4기통에서는 크랭크축이 1회전하는 동안 2사이클(관성력 최대와 최소의 과정을 2회 반복한다)의 관성력이 만들어진다. 이것을 2차진동이라고한다.

미쓰비시 방식의 「위치가 다른 밸런스 축」배치

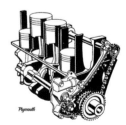

미쓰비시 자동차는 1975년에 2기통용 밸런스 축을 4기통에 유용했다. 블록을 끼고 높이가 다른 2개의 밸런스 축을 배치해 세상에 내놓은 것이다. 당시에 미쓰비시자동차공업과 제휴하고 있던 크라이슬러는 이 방식을 채택하고는 오일쇼크 후의 소형화 흐름 속에서 적용했다. 사진은 4기통 가로배치의 82년형 르바론.

좌우의 수지 기어는 일본 개스킷 제품. 크라운 하이브리드의 AR엔진에 사용 중이다. 페놀수지를 물로 뜬 얇은 판을 겹친 다음, 틀에 넣고 비틀어서 헬러킬 기어 형상으로 만든다. 아라미드섬유로 만든 것도 있다.

2배속 밸런서 때문에 기어가 12,000rpm까지 회전한다. 이때의 소음이 금속기어를 사용하면 엄청 커지기 때문에 수지기어가 사용된다. 동력을 받는 기어는 금속으로, 거기에 수지기어를 조합한다.

좌우 축의 추 배치에 주목. 완전히 선대칭이다. 베어링 부분은 12,000rpm에 대응하도록 윤활성능까지 감안해 설계되어 있다. 이 장치가 엔진과 비스듬하게 아래쪽에 배치되어, 3/4번 기통 사이에 있는 크랭크축과 동일 축에 있는 기어로부터 동력을 받는다.

2차진동을 줄이려면 다른 2차진동을 인공적으로 만들어 서로 상쇄되는 위상으로 해주면 된다. 그것이 밸런스 축 중에서도 일반적인 2차 밸런서의 개념이다.

이 페이지 사진은 도요타의 직렬4기통 엔진에 사용되는 2차 밸런서이다. 2개의 축에는 각각 원을 반으로 나눈 것 같은 추가 장착되어 있다. 이것을 1개만 고속으로 회전시키면 진동이 발생한다. 휴대전화에 내장되어 있는 진동장치(Vibrator)는 이런 구조를 사용한 것이다. 그런데 같은 것을 2개, 기어로 맞물리게 해주면 서로 역방향으로 회전하기 때문에 진동이 상쇄된다. 이런 구조를 엔진이 발생하는 불균형한 곳에 정확하게 맞도록(상쇄되도록) 「추」무게나 편중을 조절해 사용하면, 크랭크축이 회전하면서 발생하는 좌우방향의 관성력을 상당히 해소할 수 있다. 2차진동을 없앨 때는 밸런스 축을 엔진 회전속도의 배속으로 회전시킨다. 1차진동을 줄이고 싶을 경우는 크랭크축과 같은 속도로 회전시킨다.

또한 2개가 아니라 1개의 밸런스 축만 사용하는 경우도 있다. 4기통 엔진은 크랭크 핀의 위상이 1/4번 기통과 2/3번 기통에서 180도가 어긋나 있기 때문에, 크랭크축이 1회전하는 동안 좌우운동이 1회씩 일어난다. 2기통씩을 쌍으로 생각해 2개의 밸런스 축을 사용하는 편이 진동저감 효과가 크다. 그런데 3기통에서는 크랭크 핀의 위상이 120도씩 어긋나 있기 때문에 크랭크축이 1회전하는 동안의 관성력만 보면 제대로 균형을 맞추고 있다. 균형이 맞지 않는 것은 우력(偶力)이다.

앞 페이지의 3기통 엔진 가운데 크랭크축을 보면 아래에 내려와 있는 1/2번 기통은 각각 커넥팅 로드 방향이 반대이지만 피스톤 위치는 동일하다. 1/2번 기통 힘의 합계가 3번 기통 단독보다 크기 때문에 세차(歲差)운동의 원인인 우력이 발생한다. 이것을 없애기 위해서는 1개의 밸런서 축 중에서 추의 위치를 연구해 피스톤이 움직이는 것과 정반대로 해주면 된다. 회전속도는 크랭크축과 같으면 된다.

재규어 랜드로버 "인제니움 (Ingenium)"

[4기통 디젤엔진]

피스톤이 받는 연소압력이 큰 디젤엔진에서는 밸런스 축가 더 큰 도움이 된다. 최신 디젤은 소음이나 진동이 예전에 비해 상당히 낮아졌지만 밸런서를 사용하면 「가솔린에 필적」할만 하다. 채택하는 사례가 증가할 것으로 예상된다.

피아트 트윈 에어

[2기통 가솔린엔진]

자동차에서 단기통은 무리이기 때문에 2기통은 최소한의 실린더이다. 피아트는 「이 엔진에 밸런서는 필수」라고 한다. 일본에서는 진동·소음을 꺼려해서인지 2기통이 나타나질 않는다.

FIAT

크랭크축이 짧기 때문에 밸런스 축도 짧다. 크랭크축보다 약간 위에 배치되어 있다. 이 2기통 엔진에서 마음에 걸리는 것은 회전진동이 아니라 덜덜거리는 배기음이다. 그 정도로 진동이 줄어들었다는 뜻일까.

Jaguar-LandRover

밸런스 축가 크랭크축보다 길이가 짧아 보이지만, 실제로는 블록을 관통하고 있다. 베어링으로 니들 롤러를 사용해 마찰손실을 줄이는 등, 상당히 고급브랜드의 다운사이징 과급디젤다운 설계이다.

현재 사용 중인 대부분의 밸런스 축는 축 자체가 불균형한 중량배분을 하고 있어서, 손으로 잡고 돌리면 축이 둘둘거리며 세차운동을 하거나, 편중된 무게 때문에 부드럽게 1회전하지 않고 회전하는 도중에 속도가 변하기도 한다. 이 축 자체의 불균형을 사용해 엔진의 불균형을 없애는 것이 밸런스 축이다.

미쓰비시 자동차는 4기통 엔진에 「사일런트 축」라는 이름으로 밸런스 축를 사용했을 때는 2개의 밸런스 축를 실린더 블록 좌우로 다른 높이에 배치했었다. 서로 역회전시키는 2배속 밸런서일 뿐만 아니라 높이를 달리 함으로서 엔진 자체의 목떨림(기진起振 모멘트의 발생)을 억제시켰다.

당시의 미쓰비시 방식이 주목을 받았는데, 포르쉐가 미쓰비시와의 특허 교환으로 대배기량 직렬4기통 엔진에 적용했을 때는 상당히 고속회전까지 돌았다. 그러나 엔진을 가로로 배치하면서 흡배기 시스템이 복잡해진 현재의 4기통 엔진에서는 밸런스 축보다도 우선순위가 높은 것이

많아져 예전처럼 높은 밸런스 축는 사라졌다.

밸런스 축를 추가하면 엔진의 부하가 증가한다. 특히 크랭크축의 배속으로 회전하는 2차 밸런서는 밸런서 자신의 베어링 윤활이 엄격하기 때문에 오일펌프의 부하를 증가시키는 요인으로도 작용한다. 당연히 동력을 나누어 받는 기어 등과 같은 기구와 축의 분량만큼 가격이 증가한다. 근래에는 2기통이나 3기통 같은 단축형 엔진이 많이 등장하고 있지만 밸런스 축를 사용하지 않는 경우도 있다. 관성력의 불균형 차원에서는 최악인 4기통도 오히려 밸런스 축가 없는 기종이 많다. 엔진설계자가 어떻게 생각하고 가격을 어떻게 배분하느냐에 달려있다.

엔진설계 자체를 개선해 진동을 줄일 수도 있다. 크랭크축의 좌우운동으로 생각하면 커넥팅 로드 비를 크게 하는 방법이 있다. 가변부품의 균형을 철저하게 잡든가, 엔진 마운트를 개선하든가 방법은 여러 가지가 있다. 반대로 말하면 밸런스 축 자체도 진동을 제거하는 기능으로서는 만능이 아니라는 것이다.

사진 & 일러스트로 보는 꿈의 자동차 기술

Motor Fan
illustrated

日本語版 직수입
서울 모터쇼에서 호평

MFi 과월호 안내

구입은 www.gbbook.co.kr 또는 영업부 Tel_ 02-713-4135로 연락주시길 바랍니다.
본 서적은 일본의 삼영서방과 도서출판 골든벨의 재고량에 따라 미리 소진될 수 있음을 알려 드립니다.

 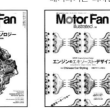